普 通 高 等 教 育 教 材

基础力学实验教程

裴艳阳　主　编

张　杰　副主编

化学工业出版社

·北京·

内容简介

《基础力学实验教程》涵盖材料力学、理论力学、结构力学等学科内容的教学实验，在四川轻化工大学原有的《材料力学实验教程》基础上进行了实验内容的更新，遵循由浅入深的原则，注重从基础到拓展的递进式学习，突出实验内容的逻辑性和系统性，有助于学生循序渐进地掌握实验技能。

本教材主要内容包括：力学实验的作用、内容、报告要求及实验须知，试验机和测量工具介绍，材料力学实验，理论力学实验，结构力学实验，实验数据误差分析等。

《基础力学实验教程》具备实验内容的优化与创新、信息技术的应用、科学思维与探究能力的培养、实践性与应用性的强化等方面的特色，适用于高等院校土建、机械、水利、航空等专业学生以及开设材料力学、工程力学课程的非工程类专业学生，也可作为工程技术人员的参考书籍。

图书在版编目（CIP）数据

基础力学实验教程 / 裴艳阳主编. -- 北京 ： 化学工业出版社，2025. 8. --（普通高等教育教材）.
ISBN 978-7-122-48324-9

Ⅰ. O3-33

中国国家版本馆 CIP 数据核字第 202589KS28 号

责任编辑：张海丽　　　　　　　　文字编辑：王　硕
责任校对：王　静　　　　　　　　装帧设计：韩　飞

出版发行：化学工业出版社
　　　　　（北京市东城区青年湖南街 13 号　邮政编码 100011）
印　　装：大厂回族自治县聚鑫印刷有限责任公司
787mm×1092mm　1/16　印张 11¾　字数 281 千字
2025 年 9 月北京第 1 版第 1 次印刷

购书咨询：010-64518888　　　　　　售后服务：010-64518899
网　　址：http://www.cip.com.cn
凡购买本书，如有缺损质量问题，本社销售中心负责调换。

定　　价：38.00 元　　　　　　　　版权所有　违者必究

前　言

实验是进行科学研究的重要方法，科学史上许多重大发明是依靠科学实验而得到的，许多新理论的建立也要靠实验来验证。例如，材料力学中应力-应变的线性关系就是罗伯特·胡克于 1668 年到 1678 年间做了一系列的弹簧实验之后建立起来的。不仅如此，实验对力学学科有着更重要的一面，因为力学学科的理论是建立在将真实材料理想化、实际构件典型化、公式推导假设化基础之上的，它的结论是否正确以及能否在工程中应用，都只有通过实验验证才能断定。例如，在解决工程设计中的强度、刚度等问题时，首先要知道材料的力学性能和表达力学性能的材料常数，这些常数只有靠材料试验才能测定；有时实际工程中构件的几何形状和载荷都十分复杂，构件中的应力单纯靠计算难以得到正确的数据，在这种情况下必须借助实验应力分析的手段。所以力学实验是学习力学学科课程不可缺少的重要环节。

为了适应新形势下对实验教学的需求和对学生综合素质培养的要求，按照教育部高等学校力学教学指导委员会、非力学类专业基础力学课程教学指导分委员会提出的力学实验课程基本内容要求，我们编写了本教材。本教材在四川轻化工大学《材料力学实验教程》的基础上，结合四川轻化工大学力学精品课程建设项目、力学实验课程教改项目，根据四川轻化工大学土木工程学院实验中心的实际情况，经过全面更正、全方位更新和补充而成。

本教材注重实验数据的处理和分析，提高了实验的效率和准确性；介绍了应变电测技术基础和通过相应软件分析实验数据的方法，体现了对新技术的重视，同时强调实验数据处理与软件应用知识的结合，使学生能够熟练掌握现代数据采集和处理方法。通过详尽的实验步骤和数据处理方法，深化学生对实验原理的理解，同时鼓励学生自主设计实验方案，提升其动手能力和创新精神，也提升了学生的科技素养，培养了学生的科学思维和探究能力。

本教材共分六章，分别介绍了力学实验的作用和地位、主要的实验设备、普通高等院校力学实验课程中常进行的三大类力学实验，以及对实验数据的处理和误差分析等。

本教材由裴艳阳任主编，张杰任副主编。四川轻化工大学裴艳阳编写了第 1 章、第 2 章部分内容、第 3 章、第 5 章部分内容、第 6 章和附录，广安理工学院张杰编写了第 4 章和第 5 章部分内容，大连欣力试验设备有限公司姚致国编写了第 2 章部分内容，教材的图表由裴艳阳、张杰共同完成。

全书由裴艳阳统稿。

在本教材的策划和编写过程中，参阅了众多兄弟院校力学实验指导书和其他参考资料，同时得到了四川轻化工大学土木工程学院廖映华院长、实验中心的老师们的帮助和支持，在此一并表示衷心的感谢。

由于编者的水平有限，书中疏漏和不足之处在所难免，恳请广大读者批评指正。

编　者

2025 年 3 月

目 录

第3章　材料力学实验　　52

第4章　理论力学实验　106

第 1 章

绪论

本章知识导图

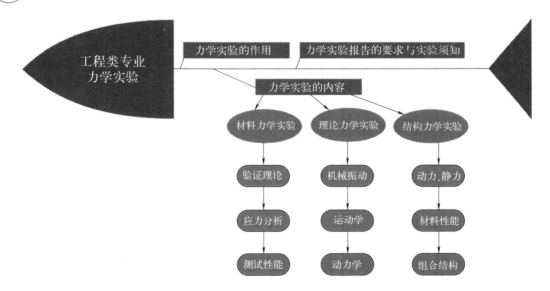

本章学习目标

应掌握的内容：

工程类专业力学实验的分支结构；材料力学实验的几个重要分类；理论力学实验的几个重要分类；结构力学实验的几个重要分类。

应熟悉的内容：
力学实验的发展史；力学实验的作用。
应了解的内容：
力学实验报告的书写要求；实验报告的要素。

1.1 力学实验的作用

在研究力学问题时，实验❶占有很重要的地位。

力学理论的建立离不开实验。伽利略——材料力学的奠基人，他在提出"几何相似的结构物，尺寸愈是增大，愈为软弱"的观点后，便用简单拉伸的方法来探索材料的强度，进而从悬臂梁弯曲实验开始，进行了梁的承载能力的研究。胡克定律——材料力学的奠基石，是罗伯特·胡克在做了一系列的弹簧实验之后才建立起来的理论。材料力学是一门研究构件承载能力的科学，如果没有原始实验数据，则材料力学所讨论的三大问题——强度条件、刚度条件和稳定条件便无从谈起。例如计算工作应力的理论公式，不管是拉伸、压缩、扭转、弯曲等，都是在作出了由表及里的假设的基础上导出的，而这些假设正是以实验现象为依据的。根据假设导出的理论公式，其正确性如何，还得通过实验来验证。

力学学科的发展同样离不开实验。工程问题并不是靠现有理论公式都能解决的。由于实际构件的几何形式和载荷的复杂性，对于构件中的应力，单纯靠计算往往难以得到正确的数据，而借助实验的方法来进行应力分析，则为解决这类问题提供了有效的手段。这就是一门新兴的学科——实验应力分析。引入了实验应力分析基本内容后的力学实验，可以解决力学理论无法求解的一些工程难题，从而又促进了力学理论的发展。

1.2 力学实验的内容

本教材介绍的力学实验，分为如下三个方面：材料力学实验、理论力学实验、结构力学实验。

1.2.1 材料力学实验

（1）测定材料机械性质的实验

材料力学公式只能计算出载荷作用下构件内力的大小，为建立其相应的强度条件，必须了解材料的强度、刚度、弹性等特性，这就要通过拉伸、压缩、弹性模量的测定、扭转、冲击、断裂韧性等实验，来测定材料的屈服极限、强度极限、弹性模量等反映材料某些力学性能的参数。而这些参数是设计构件的基本依据。然而，同一材料所用实验方法不同，测得的数据可能

---

❶ "实验"和"试验"都有"为考察或检验而从事某种活动"的意思。"实验"侧重于实地验证，活动多在特定条件下进行，多用于科研方面；"试验"侧重于试探观察，活动一般在小范围内进行。"实验"是做之前就已经知道结果（有验证作用），而"试验"是做之前不知道结果（有检测作用）。对于二者语义上的差异，本书不作深究，统一用"实验"以便于表达（"试验机""试验台"等固定用法除外）。

有明显的差异。为正确地获取这些数据，实验又必须依据国家规范，按标准化程序进行。

（2）验证理论的实验

材料力学中的一些公式，都是在对实际问题进行简化和假设（如平面假设，连续均匀性、弹性和各向同性假设等）的基础上推导而得。事实上，材料的性质往往与完全均匀、完全弹性是有差异的。因此，就必须通过实验对根据假设推导出的公式加以验证，方能确定公式的适用范围。此外，对一些近似解，也须通过实验对其精确度加以校核后，才能在工程设计中运用。

（3）实验应力分析

工程上的许多实际构件，其形状及受载情况十分复杂。内部应力大小及分布情况，如单纯依靠材料力学的理论计算是难以解决的。近年来虽然采用了有限元法，但也要经过适当的简化才能计算；而且其计算结果的精确性仍须通过实验应力分析加以验证。运用实验应力分析方法（电测法、光测法、脆性涂层法、云纹法、X 光衍射法、激光散斑法等）所获得的结果直接可靠，它已成为工程实际中寻求最佳设计方案、合理使用材料、挖掘现有设备潜力以及验证和发展理论的有力工具。

1.2.2　理论力学实验

（1）振动实验

振动研究中主要关注系统的振动特性，包括振动频率、振型、阻尼特性等。振动实验通常通过建立数学模型和进行实验验证来实现，如：测试单自由度系统的自由振动和强迫振动，计算固有频率和振幅特性；观察自激振动现象，分析其与自由振动和受迫振动的区别等。

（2）运动学实验

运动学研究中主要关注物体的运动规律，不涉及力的作用。运动学实验通常通过测量和分析物体的位置、速度和加速度等参数来实现，如：利用三线摆测量圆盘的转动惯量；观察机构运动，绘制运动学简图等。

（3）动力学实验

动力学研究中主要关注力的作用对物体运动的影响。动力学实验通常通过建立动力学方程和进行数值计算来实现，如：通过悬吊法和称重法测量重心位置；测量不同质量系统的冲击、碰撞和振动特性等。

1.2.3　结构力学实验

（1）静力实验

静力实验主要研究结构在静态载荷作用下的内力、变形和稳定性。例如，焊接钢桁架、钢架和桥梁模型的内力及结点位移验证实验。实验设备包括加载框架、实验模型、支座等，用于测试杆件结构的基本要素，如轴力、弯矩和结点位移。

（2）动力实验

动力实验主要研究结构在动态载荷作用下的响应和动力特性，包括位移、应力、应变等随时间变化的规律。这类实验通常用于验证结构的动态性能以及动力分析的正确性。动力实验通常需要使用振动台、测振传感器等设备来记录结构的振动特性。

（3）材料性能测试

包括钢筋混凝土梁的正截面破坏性实验、斜截面破坏性实验、短柱偏心压缩实验等。这些实验帮助我们理解材料在不同载荷条件下的力学行为和破坏模式。

（4）组合结构实验

组合结构实验涉及复杂结构形式，如 H 型钢梁弯曲实验、球结点平面桁架内力分布测试等。这些实验有助于我们理解组合结构的受力特点和设计原则。

1.3　力学实验报告的要求

顾名思义，实验报告是对所做实验的综合报告。通过实验报告的书写，培养学生准确有效地用文字来表达实验结果的能力。因此，要求学生在动手完成实验的基础上，用自己的语言扼要地叙述实验目的、原理、步骤和方法，所使用设备和仪器的名称与型号、精度与量程，以及数据计算过程、实验结果、问题讨论等内容，独立地写出实验报告，并做到字迹端正、绘图清晰、表格简明，书写详细且规范，以确保实验过程的严谨性和结果的准确性。以下是关于力学实验报告书写的一些详细要求和步骤。

（1）标题和封面

实验报告应包括标题、实验名称、实验日期、学生姓名、学号、班级等基本信息。

（2）实验目的

明确实验的目的和意义。这部分内容应简洁明了，突出实验的核心目标。

（3）实验原理与公式

简要阐述实验所依据的物理原理和相关公式。可以附上必要的公式推导或理论背景，帮助读者理解实验的科学基础。

（4）实验仪器与设备

列出实验中使用的仪器与设备的名称、型号及规格，并简要描述其功能和作用。

（5）实验步骤

详细记录实验操作步骤，包括实验前的准备工作、实验过程中的具体操作以及注意事项。每一步骤都应清晰明了。

（6）数据记录与处理

实验过程中需如实记录原始数据，并进行必要的数据处理。数据表格应完整且清晰，避免出现错误或遗漏。数据处理部分应包括计算公式和准确的计算结果。

（7）结果分析与讨论

对实验结果进行定性和定量分析，讨论结果的合理性和可能存在的误差来源。分析中应结合理论知识，提出改进建议或进一步研究的方向。

（8）结论与心得体会

总结实验的主要发现和结论，反思实验过程中的问题和不足之处。同时，可以分享个人的学习体会和未来改进的计划。

（9）参考文献

如果引用了其他文献或资料，应在报告末尾列出参考文献，以体现学术规范。

另外，实验报告应使用规定格式的纸张书写，字迹工整清晰，图表正确规范。报告完成后须及时提交给指导教师审核，并按照要求修改和完善。

通过以上步骤，可以确保力学实验报告内容翔实、结构清晰，从而提高报告的质量和可信度。撰写过程中须注意语言的准确性和逻辑性，避免出现逻辑混乱或数据错误的情况。

力学实验报告不仅能够全面反映实验过程和结果，还能培养学生的科学思维和分析能力。撰写时须注意逻辑性和条理性，确保报告内容完整、准确、规范。

1.4 实验须知

实验是进行科学研究的重要方法。科学史上许多重大发现是依靠科学实验而得到的。许多新理论的建立也要靠实验来验证。对于工程类专业力学课程教学来说，实验更是一个具有重要意义的环节。

为了使实验能顺利进行，达到预期的目的，应注意下列事项。

（1）必须做好实验前的准备工作

① 按各次实验的预习要求，认真预习实验指导，复习有关理论知识，明确实验的目的，掌握实验原理，了解实验的步骤和方法。

② 对实验中所用的机器、仪器、实验装置等，应了解其工作原理，对其操作注意事项应特别重视。

③ 必须清楚地知道本次实验需记录的数据项目及数据处理的方法，事前准备好记录表格。

④ 除实验指导书中规定的实验方案外，学生也可根据实验目的、原理自己设计实验方案。

⑤ 实验小组成员要明确分工，对自己承担的实验工作做到心中有数，负起责任。

（2）严格遵守实验室的规章制度

① 要按课程表规定的时间准时进入实验室。保持实验室整洁、安静。

② 未经教师同意，不得动用实验室内的机器、仪器等一切设备。

③ 做实验时，应严格按操作规程操作机器、仪器；如发生故障，应及时报告，不能擅自处理。

④ 实验结束后，应将所用机器、仪器擦拭干净，并恢复到正常状态。

（3）认真做好实验

① 认真接受教师对预习情况的抽查、质疑，注意听好教师对实验内容的讲解。

② 实验时，要严肃认真、相互配合，仔细地按实验步骤、方法逐步进行。

③ 实验过程中，要密切注意对实验现象的观察，记录下所需测量的全部数据。

④ 教学实验是培养学生动手能力的一个重要环节，小组成员虽有一定的分工，但要及时轮换，每个学生都应自己动手，完成所有的实验环节。

⑤ 学生如有自己的实验方案，在完成规定实验项目并经教师同意后方可进行。

⑥ 实验原始记录须交教师审阅签字。若不符合要求，应重做。

第 2 章

试验机和测量工具介绍

本章知识导图

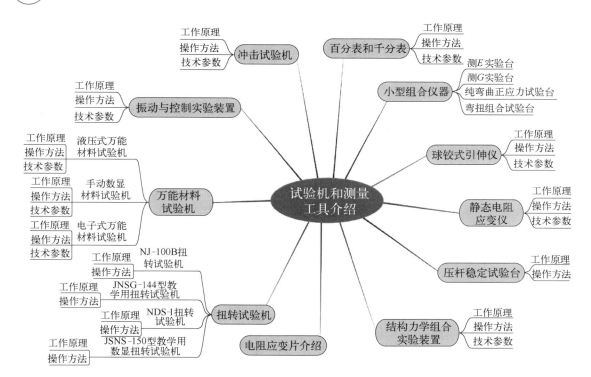

本章学习目标

应掌握的内容：

各种材料力学实验设备的基本原理和操作方法；实验设备的安装、调试和使用技巧；通过实验数据绘制应力-应变曲线，计算材料的弹性模量、泊松比等参数。

应熟悉的内容：

如何使用万能材料试验机、扭转试验机、冲击试验机等设备；不同材料在不同条件下的力学性能，如强度、韧性、硬度等。

应了解的内容：

安全使用实验设备，遵守实验室安全规范，确保实验过程的安全性。根据实验结果评估材料的适用性和可靠性，为新材料的研发和现有材料的性能验证提供科学依据。

2.1 试验机介绍

2.1.1 液压式万能材料试验机

万能材料试验机是材料力学实验室最常见的大型设备，它的发展经历了从手动操作到自动化控制的演变过程，其历史可以追溯到 19 世纪末和 20 世纪初。早期的万能材料试验机主要以机械式和液压式为主，是一种常用于材料力学性能测试的设备，采用油缸上置式主机，摆锤测力、度盘显示试验力及峰值。它适用于金属材料及构件的拉伸、压缩、弯曲、剪切等实验，也可用于塑料、混凝土、水泥等非金属材料同类实验的检测。其以液压加荷、操作方便、精度准确等优势，广泛应用于冶金、建筑、轻工、航空、航天、材料等领域。

液压式万能材料试验机的外观如图 2-1 所示，其构造原理如图 2-2 所示。

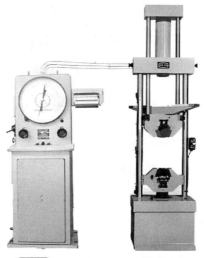

图 2-1 液压式万能材料试验机外观图

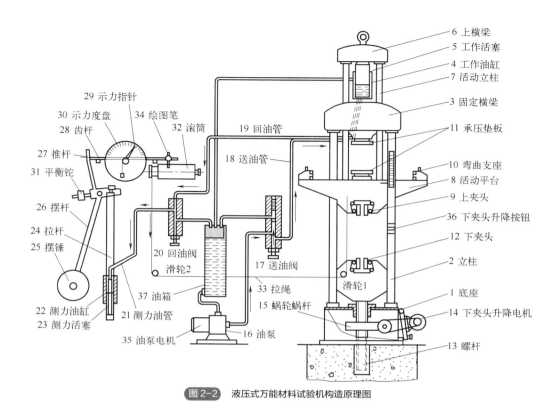

6 上横梁
5 工作活塞
4 工作油缸
7 活动立柱
3 固定横梁
11 承压垫板
10 弯曲支座
8 活动平台
9 上夹头
36 下夹头升降按钮
12 下夹头
2 立柱
1 底座
14 下夹头升降电机
13 螺杆

29 示力指针
30 示力度盘　34 绘图笔
28 齿杆　　　　　　32 滚筒
27 推杆
31 平衡铊
26 摆杆
24 拉杆
25 摆锤
22 测力油缸
23 测力活塞
21 测力油管
37 油箱
20 回油阀
滑轮2
35 油泵电机
16 油泵
19 回油管
18 送油管
17 送油阀
33 拉绳
15 蜗轮蜗杆
滑轮1

图 2-2　液压式万能材料试验机构造原理图

（1）加载部分

图 2-2 所示右边部分为加载系统，在机器底座 1 上，装有两个固定立柱 2，它支承着固定横梁 3 和工作油缸 4。在工作油缸的工作活塞 5 上，支承着由上横梁 6、活动立柱 7 和活动平台 8 组成的活动框架。油泵工作时，将液压油从油箱 37 经送油阀 17 和送油管 18 送入工作油缸 4，从而推动工作活塞 5、上横梁 6、活动立柱 7 和活动平台 8 上升。若将试件两端装夹在上夹头 9 和下夹头 12 之间，因下夹头固定不动，当活动平台上升时试件就承受拉力。若将试件放在活动平台上、下垫板 11 之间，当活动台上升到试件与上垫板接触时试件就承受压力。输油管路中的送油阀 17 用来控制进入工作油缸中的油量，以调节对试件加载的速度。加载时回油阀 20 置于关闭位置。回油阀打开时，则可将工作油缸中的油液泄回油箱 37，活动台由于自重而下降，回到原始位置。

如果拉伸试件的长度不同，可按动下夹头升降按钮 36，用下夹头升降电机 14 转动底箱中的蜗轮，使螺杆 13 上下移动，调节下夹头位置。注意：当试件已夹紧或受力时，不能再开动下夹头升降电机，否则就会造成用下夹头对试件加载，以致损坏机件。活动台的行程对拉伸和压缩区间都有规定，操作时必须遵守。

（2）测力部分

使用时，开动油泵电机，通过控制送油阀开启的大小可以调节液压油进入工作油缸的快慢，因而可用于控制试件加载的速度。开启回油阀可使工作油缸中的液压油经回油管回到油箱，从而卸掉试件上的载荷。油泵电机 35 带动油泵 16 工作,将液压油从油箱 37 经送油阀 17 和送油管 18 送入工作油缸 4,从而推动工作活塞 5、上横梁 6、活动立柱 7 和活动平台 8 上升,实现对试件加载。工作油缸中的油泵推动活塞 5 的力与试件所受的力成正比。同时,由于回油阀 20 处于关闭状态,液压油不能流回油箱 37,故经回油管 19 及测力油管 21 进入测力油缸 22,压迫测力活塞 23,使它带动拉杆 24 向下移动,从而迫使摆杆 26 和摆锤 25 联动推杆 27 绕支点偏转。推杆偏转时,推动齿杆 28 做水平移动,于是驱动示力度盘的指针齿轮,使示力指针 29 绕示力度盘 30 的中心旋转,指针的旋转角度与油压成正比,亦与试件上所加载荷成正比,因此从示力度盘 30 上,便可读出试件受力的大小。

如果增加或减少摆锤的重量,指针虽然旋转同一角度,但所需的油压不同。这说明指针虽在同一位置,但所示出的载荷大小与摆锤的重量有关。一般试验机可以更换三种锤重,它相应地有三种刻度的测力度盘,分别表示三种测力范围。实验时,为了保证测量载荷的精度,要根据事先估算的试件载荷大小来选择适宜的测力度盘,并在摆杆 26 上挂上相应重量的锤重。通常,摆锤由大到小编为 A、B、C 三种号码。

加载前,应调整测力指针对准度盘上的零点。方法是开动油泵电机送油,将活动平台 8 升起 1cm 左右,然后移动摆杆上的平衡铊 31,使摆杆达到铅垂位置。再旋转齿杆 28 使指针对准零位。这样做是为了消除上横头、活动立柱和活动台等部件的重量,因为这部分重量不应计入试件所受的载荷。

试验机上还有自动绘图装置。它的工作原理是:活动平台上升时,由绕过滑轮的拉绳带动滚筒 32 绕轴线转动,在滚筒圆柱面上构成沿轴线表示位移的坐标,同时,齿杆 28 的移动构成沿滚筒轴线表示载荷的坐标。这样,实验时绘图笔 34 在滚筒上就可以绘制出载荷-位移曲线。

2.1.2 手动数显材料试验机

随着信息技术的快速发展,许多机械式和液压式万能试验机进行了数字化和智能化改造。例如,大连欣力试验设备有限公司生产的 SSCS-100 型手动数显材料试验机通过增加传感器和计算机控制系统,实现了数据的自动采集和处理,提高了测试精度和效率。SSCS-100 型手动数显材料试验机的外观如图 2-3 所示,其构造原理如图 2-4 所示。

试验机上的压力传感器 22 和编码器 41 分别通过线缆与材料试验机数显采集仪连接,带有 RS-232 接口的数据线又将材料试验机数显采集仪和计算机连接起来。实验过程中,数显采集仪前面板同时显示试验力的即时值(下)和最大值(上);操作特制的软件,计算机即可自动绘图,对所采集数据自动处理,计算出结果,显示并保存起来。

试验机操作步骤如下。

(1) 接线

① 传感器与示力仪接线。用两端带有航空插头的四芯电缆将压力传感器 22 和电子示力仪 13 连接起来。须注意,接线时要将插头的缺口和插座的凸台对齐。

② 示力仪电源接线。用带有三插头的示力仪电源线连接电子示力仪 13 的电源插座和外接电源插座。电源为 220V 单向交流电,电源插座必须有可靠的接地线。

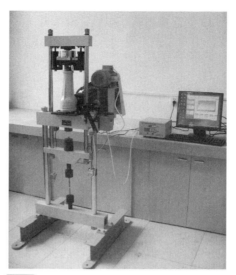

图 2-3　SSCS-100 型手动数显材料试验机外观图

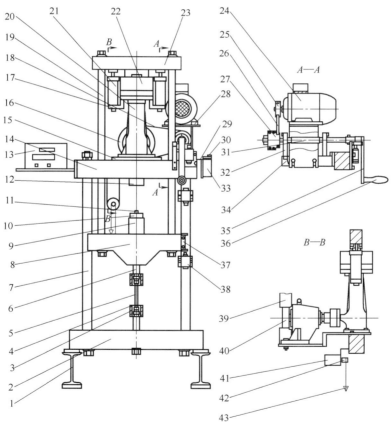

图 2-4　SSCS-100 型手动数显材料试验机构造原理图

1—底座；2—下横梁；3—夹头套；4—夹头；5—拉伸试件；6—夹头拉杆；7—立柱；8—移动横梁；9—压头座；10—下压头；11—压缩试件；12—上压头；13—电子示力仪；14—上横梁；15—座板；16—摆线针轮减速机；17—油缸座；18—三角带；19—拉杆；20—螺旋千斤顶；21—双向缓冲器；22—压力传感器；23—顶梁；24—电动机；25—电动机带轮；26—电动机三角带；27—施力传动轴带轮；28—电机座；29—升降开关座；30—开关手柄；31—施力传动轴；32—支座；33—升降开关；34—支架；35—手摇把；36—手柄；37—触板；38—行程开关；39—带轮罩；40—减速机带轮；41—编码器；42—编码器线轮；43—线坠

③ 电动机 24 与升降开关 33 的连接用四芯电线，升降开关 33 与电源的连接用三芯护套电线。试验机出厂时都已接好线，用户要记下接线方法，以便以后自己接线。

（2）空载升降操作

空载升降装置只允许在试件不受力的情况下使用，并且在使用时必须拔下手摇把 35。未工作时，升降开关 33 的开关手柄 30 要处于停的位置。将开关手柄 30 扳向"顺"字，移动横梁 8 快速上升；扳向"倒"字，移动横梁 8 快速下降。

（3）装夹或安放试件

① 拉伸试件装夹。以图 2-5 所示的锥环锁套台阶式夹头装置为例。先装夹试件（即图 2-4 中 5）上端，再装夹试件下端，方法相同。将夹头套套过夹头拉杆的离开端头处，内孔的大端要在夹头拉杆的端头一方；用一对配对编号的夹头将拉伸试件的端头和夹头拉杆的端头卡连在一起，夹头外圆的锥度方向要与夹头套的内孔一致，最后用夹头套套住一对夹头。

② 压缩试件装夹。如图 2-6 所示，在上横梁（即图 2-4 中 14）下边的中间位置装上上压头，将压头座放到移动横梁的中间，再将下压头放平到压头座上，最后把压缩试件对中放到下压头上。

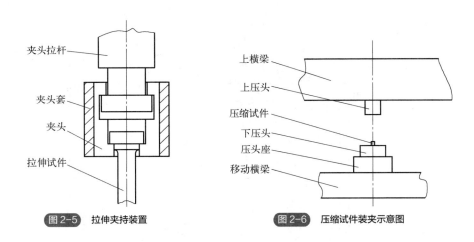

图 2-5　拉伸夹持装置　　　　　图 2-6　压缩试件装夹示意图

（4）加载实验

① 调零。打开示力仪 13 电源开关，待示力仪自检停止后，按清零按钮清零，使显示屏上的数字显示为零。

② 加载。用手握住手柄 36，顺时针摇转施力传动轴 31，通过传动装置带动千斤顶 20 的丝杆上升，从而带动移动横梁 8 上升，使试件受力，直至断裂。

③ 示力。在试件受力的同时，装在螺旋千斤顶 20 和顶梁 23 之间的压力传感器 22 受压产生压力信号，通过四芯电缆传递给电子示力仪 13，电子示力仪 13 的显示屏上即用数字显示出力值来。在加载的同时，要一直观察力值的大小，记录所需数值，直至试件断裂。可根据需要操作峰值显示按钮。

④ 结束工作。实验完毕，卸下试件，操作空载升降装置，使移动横梁 8 降到最低位置，关闭示力仪 13 电源开关，断开电源。

2.1.3　微机控制电液伺服万能材料试验机

随着电子技术和计算机技术的发展，万能材料试验机逐渐向电子化和自动化方向发展，现代高性能的电子万能试验机集成了多种先进技术，如全数字化控制、高精度传感器、实时数据处理等。这不仅能够满足各种复杂材料的测试需求，还具备良好的用户交互性和数据管理能力。

进入 21 世纪后，电液伺服技术被引入万能材料试验机中，使得试验机能够进行更复杂的动态力学性能测试。微机控制电液伺服万能材料试验机外观如图 2-7 所示，结构如图 2-8 所示，由主机、测控系统、传感器、驱动装置和计算机控制系统组成。主机部分包括加载系统、夹具和底座，测控系统则负责数据采集和处理，传感器用于测量力值、位移等参数，驱动装置通过电机控制加载速度，计算机控制系统则用于数据处理和显示。它具有宽广的加载速度和测力范围，对载荷、变形、位移的测量和控制有较高的精度和灵敏度，还可以进行等速加载、等速变形、等速位移的自动控制实验，并有低周载荷循环、变形循环、位移循环的功能。该系列机型采用双空间结构，主要适用于各种金属、非金属材料试件的拉伸、压缩、弯曲、剪切、剥离、撕裂等实验，以及一些产品的特殊实验。它具有应力、应变、位移三种闭环控制方式，可求出最大力、抗拉强度、弯曲强度、压缩强度、弹性模量、断裂延伸率、屈服强度等参数。根据国家标准（GB）及 ISO、JIS、ASTM、DIN 等国际标准进行实验和提供检测数据。

图 2-7　电液伺服万能材料试验机外观图

操作步骤如下：

（1）准备工作

确保设备安装稳固，检查电源连接是否正常；安装好所需的夹具，根据测试需求选择合适的夹具类型（如拉伸夹具、压缩夹具等）；将待测试样品放置在夹具中，并确保样品对中放置以保证测试结果的准确性。

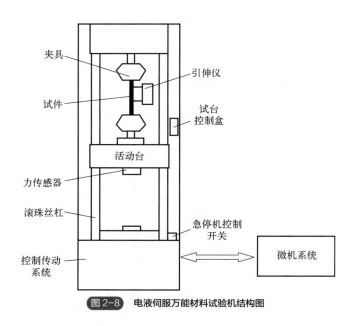

夹具
引伸仪
试件
试台控制盒
活动台
力传感器
滚珠丝杠
急停机控制开关
控制传动系统
微机系统

图 2-8　电液伺服万能材料试验机结构图

（2）设置参数

在计算机上启动试验机软件，输入测试所需的参数，如加载速率、测试范围、位移控制模式等；根据需要设置应变控制模式，确保符合相关标准的要求。

（3）开始测试

启动试验机，通过软件界面启动测试程序，加载系统将按照设定的速度对样品施加力，同时传感器实时采集力值和位移数据。在测试过程中，软件会自动记录力值-位移曲线，并实时显示在屏幕上。

（4）数据处理与分析

测试完成后，软件会自动生成测试报告，包括抗拉强度、伸长率、最大力值等数据。可以根据需要导出数据或进一步分析，生成图表和曲线以供参考。

万能材料试验机的发展不仅推动了材料科学的进步，还为工业产品和工程结构的设计提供了重要的技术支持。未来，随着新材料的不断涌现和测试需求的增加，万能材料试验机的发展将更加注重智能化、集成化和多功能化。随着物联网、大数据和人工智能技术的发展，试验机将实现更高的自动化水平和更广泛的应用场景。例如，通过集成传感器技术和无线通信技术，实现远程监控和数据实时传输。

2.1.4　机械控制扭转试验机

扭转试验机是一种用于测试材料在扭转力作用下的力学性能的仪器，其基本原理是通过施加扭矩，测量试件在扭转过程中的扭矩和转角，从而计算出材料的抗扭强度、弹性模量等关键参数。这些数据对于材料的设计和优化、产品质量控制以及科研实验具有重要意义。它广泛应用于金属材料、非金属材料、复合材料及轴类零部件的扭转性能测试，包括材料的扭转破坏、扭转切变模量、多步骤扭矩加载等实验。

扭转试验机可以按照多个维度进行分类：按测试对象分为金属材料扭转试验机和非金属材料扭转试验机；按测试条件分为静态扭转试验机和动态扭转试验机；按控制方式分为机械控制扭转试验机和电子控制扭转试验机；按功能用途分为材料扭转试验机和线材扭转试验机。各类扭转试验机都有其特定的应用场景和优势，能够适应不同材料和不同测试需求。以下列举常用的几种扭转试验机。

（1）NJ-100B 型扭转试验机

NJ-100B 型扭转试验机外观如图 2-9 所示，构造原理如图 2-10 所示。

图 2-9　NJ-100B 型扭转试验机外观图

该试验机采用直流电动机无级调速机械传动加载，可以在正、反两个方向施加扭矩进行扭转实验，用电子自动平衡随动系统测量扭矩。最大载荷扭矩是 1000N·m，有四个测力度盘，量程分别是 0～100N·m、0～200N·m、0～500N·m、0～1000N·m。扭转速度为 0～36(°)/min 和 0～360(°)/min 两个范围。试件最长可达 650mm。

① 加载机构：加载机构由 6 个滚动轴承支承在机座的导轨上，它可以左右自由滑动。加载时，操纵直流电机 1 转动，经过减速器 2 的减速，使夹头 4 转动从而对试件施加扭矩，转速由电表指出。

② 测力计：在测力计内有杠杆测力系统，试件 5 受力后由夹头 6 传来扭矩，使杠杆 26 逆时针转动，通过 A 点将力传给变支点杠杆 27（C 支点和杠杆 25 是传递反向扭矩用的），使拉杆 10 有一压力 F 压在杠杆 18 左端的刀口 D 上。杠杆 18 则以 B 为支点使右端翘起，推动差动变压器的铁芯 17 移动，发出一个电信号，经放大器 21 使伺服电机 19 转动，通过钢丝 16 拉动游铊 14 水平移动。当游铊移动到对支点 B 的力矩 $Qs=Fr$ 时，杠杆 18 达到平衡，恢复水平状态，差动变压器的铁芯也恢复零位。此时差动变压器无信号输出，伺服电机 19 停止转动。由上述分析可知，扭矩与游铊移动的距离成正比。游铊 14 的移动又通过钢丝 11 带动滑轮 15 和指针 13 转动，这样在度盘 12 上便可指出试件所受扭矩的大小。

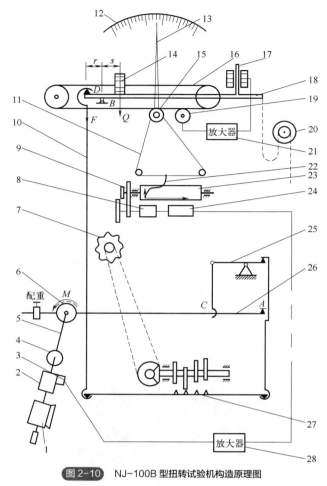

图 2-10 NJ-100B 型扭转试验机构造原理图

1—直流电机；2—减速器；3—自整角发送机；4，6—夹头；5—试件；7—量程选择旋钮；8—自整角变压器；9—传动齿轮；10—拉杆；
11，16—钢丝；12—度盘；13—指针；14—游铊；15—滑轮；17—差动变压器铁芯；18，25，26—杠杆；19—伺服电机；20—调零旋钮；
21，28—放大器；22—绘图笔；23—滚筒；24—伺服电机；27—变支点杠杆

③ 自动绘图器：自动绘图器由绘图笔 22 和滚筒 23 等组成。绘图笔的移动量表示扭矩的大小，它的移动是滑轮 15 在带动指针 13 转动的同时，带动钢丝 11 使绘图笔 22 水平移动。绘图滚筒 23 的转动表示试件加力端夹头 6 的绝对转角，它的转动是由装在夹头 4 上的自整角发送机 3 发出正比于转动的电信号，经放大器 28 放大后带动伺服电机 24 和自整角变压器 8，而使绘图滚筒转动。其转动量正比于试件 5 的转角。

（2）JNSG-144 型教学用扭转试验机

JNSG-144 型教学用扭转试验机外观如图 2-11 所示，构造原理如图 2-12 所示。

该试验机采用蜗轮减速器手动加载，弹簧测距装置测扭矩，自动绘图装置绘图，最大扭矩 144N·m。试件受到扭转作用，通过固定夹头 12 和力臂 7 使测距弹簧 8 与扭矩成正比伸长，力臂 7 向上偏转，又通过各线轮带动指针 19 转动，在度盘 20 上示力，其中线轮 13 将测距弹簧 8 的伸长量与度盘 20 的刻度按比例放大。在线轮带动指针 19 转动的同时，也带动画线笔 16 沿绘图圆筒 17 轴线方向移动，转角线轮 18 又同时带动绘图圆筒 17 转动，画线笔 16 即可在坐标纸

上画出扭矩-扭角曲线。

图 2-11　JNSG-144 型教学用扭转试验机外观图

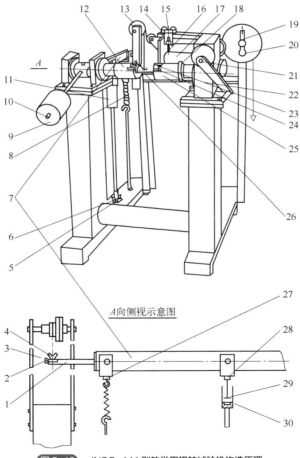

A 向侧视示意图

图 2-12　JNSG-144 型教学用扭转试验机构造原理

1—带线杆；2—夹线螺钉；3—夹线杆；4—夹线杆螺母；5—销轴；6—缓冲器座叉；7—力臂；8—测距弹簧；9—平衡锤；10—锤杆；11—缓冲器；12—固定夹头；13—线轮；14—笔架螺钉；15—笔架；16—画线笔；17—绘图圆筒；18—转角线轮；19—指针；20—度盘；21—蜗杆；22—蜗轮减速器；23—封板固定螺钉；24—夹头封板；25—转动夹头；26—试件；27—弹簧吊环螺母；28—活塞杆固定螺母；29—活塞；30—油缸

该机主要由主机、弹簧测距装置和自动绘图装置三部分组成。

① 主机部分主要由机架、蜗轮减速机和夹头组成。

② 弹簧测距装置主要由力臂、测距弹簧、线轮、度盘、平衡锤和油压缓冲器组成。

③ 自动绘图装置主要由绘图圆筒、线轮、笔架、画线笔和转角线轮组成。

试验机操作步骤如下。

1）力臂调整

① 将平衡锤 9 旋到锤杆 10 的外端，使力臂 7 抬起，以消除力臂自重的影响。

② 调整弹簧吊环螺母 27 和活塞杆固定螺母 28。使力臂轴线下倾到与水平位置成大约 3° 的夹角，此时带线杆 1 的端头大约从水平位置下降 30mm，而缓冲器 11 的活塞 29 底面要离开油缸 30 底台 3～5mm，可通过压和松力臂感觉出来。

③ 缓冲器座叉 6 上的销轴 5 的轴线要与力臂轴线垂直，以保证活塞升降灵活。

④ 若夹线杆 3 位置不正而使竖线不直，可松开夹线杆螺母 4 调整，然后再拧紧夹线杆螺母。夹线杆一定要固定在带线杆方槽内。

2）自动绘图装置操作

① 检查笔架螺钉 14 是否处于松开状态。

② 抬起画线笔 16，将裁成合适大小的坐标纸卷放到绘图圆筒 17 上，用胶水将卷口贴牢，并用胶带纸将坐标纸两侧固定在卷筒两端上。注意：坐标纸卷口要顺着画线笔画线方向，以免阻碍画线笔画线。

③ 推动笔架 15，使画线笔尖对准坐标纸零位，然后放下画线笔 16，拧紧笔架螺钉 14。

④ 在线轮带动指针转动的同时，也带动画线笔沿绘图圆筒轴线方向移动，转角线轮 18 又同时带动卷筒转动，画线笔即可在坐标纸上画出扭转曲线（M_n-φ曲线）。纵坐标表示扭矩测值 M_n，比例为 0.995N·m/mm，即自动绘图的图纸上 1mm 代表扭矩 0.995N·m；横坐标表示转角测值 φ，选用大、小沟槽时比例分别表示为 1.32(°)/mm 和 0.439(°)/mm，开始时沿圆周方向的一段直线为系统间隙产生的变形，要略去不计。

3）加载操作

① 调零。松开笔架螺钉 14（在笔架 15 后面），转动线轮 13，使绕线达到初始位置，拉紧竖线，然后拧紧夹线螺钉，夹住竖线，稍提线坠松线，手动调整度盘 20 的指针 19 指零。

② 自动绘图装置操作完毕，即可加载。顺时针摇转蜗杆，试件受到扭矩作用，通过固定夹头和力臂，使测距弹簧与扭矩成正比伸长，力臂向上偏转，又通过有关线轮带动指针转动，即可在度盘上显示出扭矩测值。

该机结构简单、重量轻、操作与搬移方便、原理直观形象，精度足以满足教学实验要求，应用在实验课堂教学中，有利于加深学生对理论知识的理解，也能加强对学生动手能力的培养。

2.1.5 电子控制扭转试验机

尽管传统扭转试验机在材料测试中发挥了重要作用，但其存在一些技术局限性。例如，手动操作烦琐，自动化程度低，数据采集和处理效率不高；测量精度受限于传感器精度和人工读数误差；此外，对于复杂载荷条件下的材料性能测试，传统设备难以满足要求。随着电子技术和计算机技术的发展，电子式扭转试验机逐渐成为主流。这类设备通常集成了高精度扭矩传感器、微处理器控制系统和图形用户界面（GUI），能够实现自动化测试、实时数据采集和分析。

（1）NDS-1 电子扭转试验机

扭转试验机外观如图 2-13 所示。本试验机主要用于对材料进行扭转实验，由手动加载，高精度扭矩传感器检测扭矩，光电编码器检测转角，数字显示检测结果。

图 2-13　NDS-1 电子扭转试验机外观

该扭转试验机具有结构简单、操作方便、价格低廉等特点，主要适合有关科研部门、各类大专院校力学实验室用来测定材料的扭转性能。

1）该型试验机的主要功能

① 自动检测：摇动手轮至试棒扭断，试验机自动检测材料的屈服扭矩 F_v、最大扭矩 F_{max}、屈服角度 S_v 和最大角度 S_{max}。自动检测实验结束后可选择查询或打印当次试验结果。

② 手动检测：可实时显示实验角度及扭矩。也可选择峰值检测，试验机可自动记录试件断裂前的最大扭矩。

③ 实验结束后可选择查询或打印当次实验结果。

④ 可显示当前的年、月、日、时、分、秒。

2）该型试验机的组成结构

① 机械部分：

扭矩传感器：安装在加载系统的末端，用于测量扭矩。

扭矩计：通常安装在设备的控制面板上，用于显示扭矩值。

夹具：用于固定试件，常见的有平行夹持和旋转夹持两种类型。

加载系统：包括液压缸、电机、减速器等，用于施加扭矩。

试件台：用于放置试件，确保试件在测试过程中保持稳定。

② 电气部分：

传感器信号采集电路：用于采集扭矩传感器的信号，并将其转换为数字信号。

数据处理单元：通常配置计算机，用于处理采集到的数据，并进行实时显示和存储。

控制系统软件：包括数据采集、处理、显示和存储等功能模块。

3）该型试验机的使用方法

扭转试验机的使用主要包括以下几个方面：

① 试件安装：将试件安装到夹具中，并确保试件固定牢固。

② 加载扭矩：通过加载系统施加扭矩于试件。加载系统可以是液压缸驱动或电机驱动，根据测试需求选择合适的加载方式。

③ 扭矩测量：扭矩传感器实时测量加在试件上的扭矩值，并将信号传输给数据处理单元。

④ 数据处理：数据处理单元对接收到的信号进行处理，并实时显示扭矩值和扭转角度。

⑤ 数据存储与分析：测试结束后，数据处理单元将测试数据存储在数据库中，并生成测试

报告，供用户分析和参考。

（2）JSNS-150 型教学用数显扭转试验机

JSNS-150 型教学用数显扭转试验机是一款功能齐全、操作简便、适合教学和科研使用的扭转测试设备。如图 2-14 所示，该设备结构简单先进、原理直观、操作方便、造价低廉，是一种能完全满足教学扭转实验的测量、显示、计算、记录、绘图、保存要求的教学用数显扭转试验机。

图 2-14 JSNS-150 型教学用数显扭转试验机

试验机最大扭矩为 150N·m，采用 220V 单相变速电机与蜗轮减速机组合电动加载，力臂与压力传感器组合测扭矩，旋转编码器测扭转角；配有扭转试验机数显采集仪、电子计算机和扭转实验专用软件，在扭转试验机数显采集仪的前面板上大数字显示扭矩的即时值和最大值；扭转试验机数显采集仪将采集的信号传递给计算机，可以绘制并动态显示扭矩-扭转角曲线图、扭转试件横截面圆周上点的切应力-切应变曲线图，如图 2-15 所示，记录屈服扭矩、最大扭矩，计算、记录屈服点切应力、最大切应力，保存所有实验结果，并可随时打印。

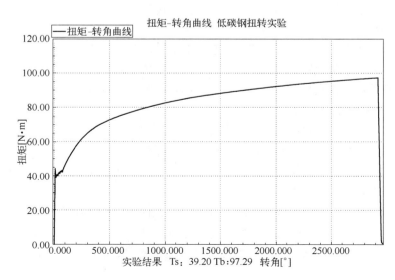

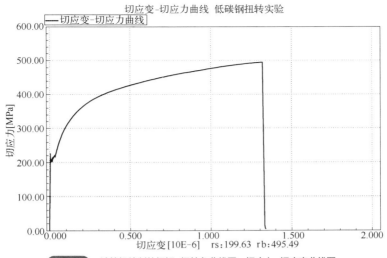

图2-15　计算机绘制的扭矩-扭转角曲线图、切应力-切应变曲线图

操作方法如下：

① 将扭转试验机数显采集仪和调速器的开关按到"关"的位置，再接好所有的数据线和电源线。

② 将倒顺开关旋到"顺"的一挡，打开调速器开关，变速电机开始工作，带动右夹头转动，用调速器调到合适的转速；当右夹头的方槽开口与左夹头的方槽开口差不多对齐时，关闭调速器，用手轮微调，使右夹头的方槽开口与左夹头的方槽开口完全对齐；打开夹头封板，将扭转试件的两端分别放入右夹头的方槽开口与左夹头的方槽开口里，关上夹头封板，扭紧夹头封板固定螺钉，完成扭转试件的装夹。

③ 打开扭转试验机数显采集仪，待检索完毕且稳定后，按"清零"按钮和"复位"按钮清零；打开电子计算机，待液晶显示器稳定后，双击液晶显示器的软件链接图标，弹出显示窗口，按软件说明进行后续操作。

④ 旋转调速器的调速按钮，调到尽量低的转速，打开调速器开关，即开始对试件扭转加载。力臂受到作用，使固定在其端头的压力传感器受到压力而产生信号，同时旋转编码器也产生扭转角信号，两信号都传入扭转试验机数显采集仪，扭转试验机数显采集仪同步显示即时扭矩和最大扭矩，电子计算机进行同步计算、绘图和显示。有屈服点的扭转实验在过了屈服阶段后，应通过调速器将扭转速度调大，以加快实验。

⑤ 加载结束时关闭调速器，再进行相关的操作，完成结束工作，关闭所有电源。

2.1.6　小型组合仪器

传统的大型实验设备存在启动不便、费用高、噪声大等问题，这些问题限制了实验教学的效果。通过引入小型化、台式化的实验设备，可以显著提高实验教学的质量和效益。这不仅降低了成本，还提高了学生的动手能力和实验兴趣。

力学小型组合实验装置是一种灵活、多功能且经济实用的实验设备，广泛应用于材料力学和结构力学的教学与研究中。其模块化设计和多样化的加载方式使其能够满足各种实验需求，并为学生和研究人员提供了一个有效的实验平台。以下列举力学实验室常用的小型测试仪器设备。

（1）测 E 试验台（装配球铰式引伸仪）

测 E 试验台是测量材料弹性模量 E 的小型装置，如图 2-16 所示，它由加载和变形测量两部分组成。加载运用杠杆原理，当试件在装夹端固定后，在砝码盘上添加砝码，则试件会受到一定的轴向拉力。该设备试件装夹端力臂与砝码加力端力臂的比为 1：40。每套装置配有 5 个砝码，其中较小的为初载砝码，重力 16N，其余 4 个重力均为 25N。试件的轴向伸长量用安装在试件上的球铰式引伸仪测量。

在实验开始前，需拟定加载方案。为了消除试验台及球铰式引伸仪机构间存在的空隙，必须加一定量的初载荷。由于实验是非破坏实验，实验中的应力必须控制在比例极限之内，故一般可取最大应力 $\sigma_{max} = (0.7 \sim 0.8)\sigma_s$，其中 σ_s 是指屈服极限；而实验控制的最大载荷 $F_{max} = \sigma_{max} A_0$，其中 A_0 是指试件原始截面面积。

1）主要技术指标

① 圆截面试件：Q235 钢，直径 d=10mm，标距 L=100mm。

② 板状试件：Q235 钢，板宽 b=20mm，厚 δ=3mm。

③ 载荷增量 ΔF=1000N（砝码四级加载，每个砝码重力 25N；初载砝码一个，重力 16N。采用 1：40 杠杆比放大）。

④ 精度：一般误差小于 5%。

图 2-16　测 E 试验台外观图

2）安装圆截面试件时的操作步骤及注意事项

① 调节吊杆螺母，使杠杆尾端上翘一些，使之与满载时关于水平位置大致对称。注意：调节前，必须使两垫刀刃对正 V 形槽沟底，否则垫刀将由于受力不均而被压裂。

② 把引伸仪装夹到试件上，必须使引伸仪不打滑。对于容易打滑的引伸仪，要在试件被夹处用粗纱布沿圆周方向打磨一下。引伸仪为精密仪器，装夹时严格遵守规范，以免使其受损。采用球铰式引伸仪时，引伸仪的架体平面与试验台的架体平面需成 45°左右的角度。

③ 挂上砝码托。加上初载砝码，记下引伸仪的初读数。

④ 分四次加等重砝码，每加一次记一次引伸仪的读数。注意：加砝码时要缓慢放手，以使之为静载，并注意防止掉落。加载过程中，要注意检查传力机构的零件是否受到干扰，若受干扰，需卸载调整。

⑤ 实验完毕，先卸下砝码，再卸下引伸仪。

3）安装板状试件时的操作步骤及注意事项

① 粘贴应变片。大致在试件长度方向的中部，在两面的轴线方向各贴一片轴向应变片，在

两面的垂直于轴线方向各贴一片横向应变片。

② 安装板状试件。将贴好片、接好线的板状试件安装好。为了减小偏心拉伸，两贴片面的对称面要与试验台的纵向对称面基本重合。

③ 将四片应变片按单臂半桥的方式与应变仪连接。

④ 调节试验台的吊杆螺母，使杠杆尾端上翘一些，使之与满载时关于水平位置大致对称。注意：调节前，必须使两垫刀刃对正 V 形槽沟底，否则垫刀将由于受力不均而被压裂。

⑤ 挂上砝码托，在应变仪上设好灵敏系数，调平应变仪。

⑥ 加载、读应变值。加上初载砝码，记下各点的应变初读数；再分四次加等重砝码，每加一次记一次各点的应变读数。加载过程中，要注意检查传力机构的零件是否受到干扰，若受干扰，需卸载调整。注意：加砝码时要缓慢放手，以使之为静载，并注意防止掉落而砸伤人、物。

⑦ 实验完毕，卸下砝码。

（2）测 G 试验台

测 G 试验台是测量材料剪切弹性模量 G 的小型装置，如图 2-17 所示。试件一端固定，另一端活动。活动端有一曲柄，曲柄末端挂一砝码托盘，砝码的重力作用使得试件受到一扭力偶的作用而产生扭转变形。试件各横截面上的扭矩大小等于砝码重量与曲柄转动半径的乘积。每台装置配有 4 个重力为 5N 的砝码，曲柄转动半径均为 200mm。试件的扭转角大小用安装在试件上的扭角仪测量。扭角仪有两个卡环固定在试件上，一只卡环一端固定百分表，百分表的触头与另一只卡环的折杆紧密接触。两卡环的中心间距称为扭角仪的标距，百分表触头与试件中心的距离称为扭角仪的转动半径。

图 2-17　测 G 试验台外观图

试件扭转变形带动两卡环发生相对转动而使百分表触头产生位移。当试件变形为微小变形时，其百分表触头的位移与扭角仪转动半径的比值即为试件两卡环中心截面的相对扭转角。笔者所在实验室安装扭角仪时，标距均为 100mm，转动半径也是 100mm。

1）主要技术指标

① 试件：直径 d=10mm；标距 L_e=60～150mm，可调；材料为 Q235 钢。

② 力臂：长度 a=200mm，产生最大扭矩 M=4.26N·m。

③ 百分表：触点离试件轴线距离 b=100mm，放大倍数 K=100 格/mm。

④ 砝码：4 块，每块重力 5N；砝码托作为初载荷，初扭矩 M_0=0.26N·m，扭矩增量 ΔM=1N·m。

⑤ 精度：误差＜5%。

2）实验装置的操作步骤及注意事项

① 桌面目视基本水平，把仪器放到桌上（先不加砝码托及砝码）。

② 调整两悬臂杆的位置，大致达到选定标距，固定左悬臂杆，再固定右悬臂杆，调整右横杆，使百分表触头距试件轴线距离 $b=100$mm，并使表针预先转过十格以上（b 值也可不调，按实际测值计算）。

③ 用游标卡尺准确测量标距，为实际计算之用。

④ 挂上砝码托，记下百分表的初读数。

⑤ 分 4 次加砝码，每加一块，记录一次表的读数。加砝码时要缓慢放手。

⑥ 实验完毕，卸掉砝码。

实验时，先测出左、右悬臂杆装夹在试件上的实际距离（即标距 L_0）以及百分表触头到试件轴线的距离 b，然后逐级加砝码，把砝码托作为初载荷，$M_{n0}=0.26$N·m，每加挂一个砝码对应的 $\Delta M_n=1$N·m，$M_{nmax}=4.26$N·m），记录百分表读数 N（单位为格）。实验完毕，计算出百分表读数增量的平均值 ΔN 以及百分表触头的位移增量 $\Delta\delta$，即可算出试件两端面的相对扭角增量 $\Delta\varphi$。

（3）纯弯曲正应力试验台

纯弯曲正应力试验台是一种用于研究材料在纯弯曲状态下的力学性能的实验设备，如图 2-18 所示。试验台采用了砝码和杠杆放大机构对试件加载。每个砝码重力 $G=10$N。砝码托作为初载荷，重力 $G_0=1.3$N。杠杆比为 1：20，重力经杠杆放大后作用在试件上实现梁的纯弯曲变形。作用于梁的载荷增量即为 $\Delta F=200$N，初载荷 $F_0=26$N。

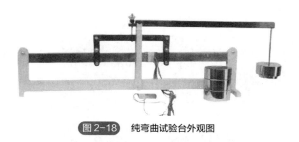

图 2-18 纯弯曲试验台外观图

1）主要技术指标

① 矩形梁材料为 45#钢，跨度 $L=600$mm。弹性模量 $E=208$GPa，横截面高度 $h=28$mm，宽度 $b=10$mm。加力梁支点到纯弯曲直梁支点的距离 $a=200$mm。

② 副梁跨度：$L_1=200$mm。

③ 载荷增量：$\Delta F=200$N（砝码四级加载，每个砝码重 10N）；砝码托作为初载荷，$F_0=26$N。

④ 精度：误差＜5%。

2）实验装置的操作步骤及注意事项

① 在矩形梁对应副梁下方位置段贴五片应变片与轴线平行，各片相距 $h/4$，作为工作片；另在一块与试件相同的材料上贴一片应变片，作为补偿片，放到试件被测截面附近。焊好固定导线。

② 调动翼形螺母，使杠杆尾端稍翘起一些。

③ 把工作片和补偿片用导线接到预调平衡箱的相应接线柱上，将预调平衡箱和应变仪连接，接通电源，调平应变仪。

④ 先挂砝码托，再分 4 次加砝码，记下每次应变仪测出的各点读数。

⑤ 取 4 次测量的平均增量值作为测量的平均应变，即可得出各点的弯曲正应力，并画出测量的正应力分布图。

⑥ 加载过程中，要注意检查各传力零件是否传动顺畅，如有干扰，应卸载调整。

（4）弯扭组合试验台

弯扭组合试验台是一种用于模拟和测试材料或结构在弯扭复合载荷作用下的性能的设备，如图 2-19 所示。试验台测量试件为一薄壁圆筒，一端固定于支座上，另一端与加力臂垂直固定。加力装置采用杠杆放大，杠杆一端悬挂砝码，另一端通过吊杆、吊叉与加力臂的加力端连接。圆筒受弯曲与扭转组合作用，测点处于平面应力状态。

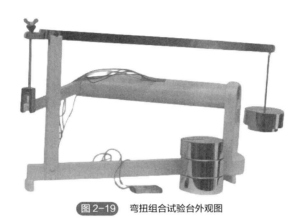

图 2-19　弯扭组合试验台外观图

1）主要技术指标

① 圆筒：20#钢，弹性模量 $E=200\text{GPa}$，泊松比 $\mu=0.30$，外径 $D=50\text{mm}$，内径 $d=45\text{mm}$。被测点 m 至加力臂中线平面的距离 $l=150\text{mm}$，被测点位于圆筒横截面上的顶点。

② 加力臂的加力点至圆筒轴线距离 $L=250\text{mm}$。

③ 载荷增量 $\Delta F=100\text{N}$（砝码四级加载，每个重 10N，采用 1：10 杠杆比放大）；砝码托作为初载荷，$F_0=13\text{N}$。

2）实验装置的操作步骤及注意事项

① 在被测点贴上应变花，另在一块不受力的钢片上贴一片温度补偿应变片，放在被测点附近。初次贴片时需除去贴片位置的喷塑层，涂擦丙酮，再用废钢锯条无齿的一侧刮，反复几次，最后用丙酮擦净。

② 将粘贴在测点的应变花和温度补偿块上的应变片按单臂半桥接法接入应变仪，接通电源，调好应变仪。

③ 先挂上砝码托，记下初应变值，再分 4 次加砝码，记下每一次的应变值。

2.1.7　YW-6K 型压杆稳定试验台

压杆稳定实验设备是研究压杆在不同载荷和约束条件下的稳定性的重要工具，主要用于研究压杆在受力时的失稳行为，通过测量压杆的位移、应力和应变等参数，分析其失稳临界载荷和稳定性。广泛应用于材料力学、结构工程和机械工程等领域。

（1）压杆稳定试验台的组成

试验台外观及结构简图如图 2-20 所示。该试验台由矩形框架 1、蜗轮减速机配螺旋机构组成的加载装置 2、压力传感器 4、示力仪表 5、压杆试件 9 及其夹持部分组成。最大试验力 6kN，压杆材料 65Mn 钢。采用电测法测挠度。该试验台可进行压杆稳定性实验，观察两端铰支、一端固定一点铰支、两端固定、一端固定一端自由支承条件下的压杆失稳现象及失稳时的挠曲线形状，观察压力与横向变形的变化规律，测定前三种支承条件下的临界载荷。

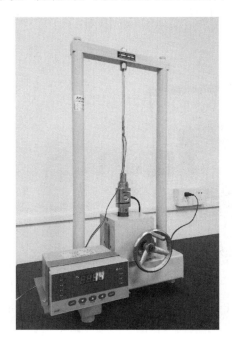
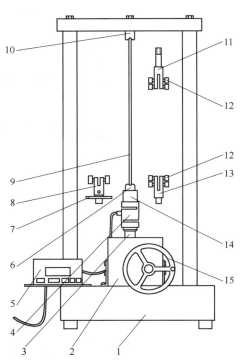

图 2-20　YW-6K 型压杆稳定试验台外观及结构简图

1—矩形框架；2—加载装置；3—加力头；4—压力传感器；5—示力仪表；6—下铰支座；7—压力平板；8—自由端头；9—压杆试件；10—上铰支座；11—上固定支座；12—手动螺钉；13—下固定支座；14—固定套；15—手轮

加载装置 2 的加力头 3 上装有压力传感器 4，压力传感器 4 上又装有下铰支座 6，摇转手轮 15 即可使下铰支座 6 升或降，从而给试件施加压力或调整下铰支座 6 的高度。

上端铰支承时，装上铰支座 10；上端固定支承时，装上固定支座 11；下端铰支承时，装下铰支座 6；下端固定支承时，装下固定支座 13，并要装上固定套 14，以获得较好的约束。每次加载前调零时，要活动一下固定套，消除装配拉压力；下端自由支承时，要在压杆试件 9 的下端固定上自由端头 8，并在传感器 4 的上端装上压力平板 7。

（2）压杆试件的安装

两端铰支时，手扶压杆试件 9 上端，将试件上端的圆角刀刃对正靠到上铰支座 10 的 V 形沟底，摇转手轮 15 升或降下铰支座 6 到适合位置，并使试件下端的圆角刀刃对正下铰支座 6

的 V 形沟底。

两端固定时，将试件的两端插入上、下固定支座的插口，对正位置。先将试件的上端插到顶，拧紧手动螺钉 12，再摇转手轮 15，使试件的下端插到底，拧紧手动螺钉 12。通过调整上下 4 个手动螺钉 12，使压杆处于最好的直线状态，会取得较高的测试精度。

一端固定一点铰支时，可参考前两种支承形式的安装方法。

一端固定一端自由时，上端同两端固定时的上端安装方法，下端固定上自由端头 8，并使自由端头对正压力平板 7 的中间，压力平板 7 的水平长度方向要与压杆试件 9 的宽度方向垂直。

（3）压杆试件变形测量的准备

测量变形的最好方法是用电测法测试件中间的轴向应变。

用电测法测试件中间的轴向应变，要在试件两面的中间各贴一片轴向应变片，按半桥方法接入应变仪，其应变读数的绝对值是两贴片处的应变的绝对值之和。

该试验台可配示力仪表。接通电源，仪表即打开。打开后，待仪表自检结束稳定后，按调零按钮调零，一次调不到零，可再调一次，直到零为止。其他按钮不必操作。

2.1.8　冲击试验机

冲击实验需要使用专门的设备，冲击试验机是材料科学领域中用于评估材料在受到冲击载荷时性能的重要设备。

（1）冲击试验机的起源与发展历程

冲击试验机的概念最早可以追溯到 20 世纪初。1905 年，美国科学家首次提出了利用冲击力来评估材料性能的方法，这标志着冲击试验机的诞生。早期的冲击试验机主要采用手动操作，如摆锤式冲击试验机，通过手动提升重锤并释放，使其自由落体撞击试件，从而产生冲击力。这种试验机虽然简单，但精度较低，无法满足现代工业对材料性能检测的高要求。

随着技术的进步，夏比冲击试验逐渐被广泛采用。夏比试验机利用摆锤式设计，通过计算摆锤打断试件后剩余的能量来评估材料的韧性。然而，夏比试验机存在一定的局限性，例如其缺口形状可能导致脆性转变温度低于结构断裂温度的问题。因此，1968 年后，欧美国家开始采用夏比 V 形和梅氏冲击试验方法，这些方法通过改进缺口形状和测试条件，提高了测试的准确性和可靠性。

进入 20 世纪 80 年代，随着计算机技术和传感器技术的普及，冲击试验机进入了智能化时代。新型冲击试验机配备了高速传感器、数据采集系统和计算机控制系统，能够实时监测和记录冲击过程中的数据，生成详细的测试报告，并利用传感器记录载荷-位移曲线。

（2）冲击试验机的组成

冲击试验机通常由多个关键部件组成，这些部件协同工作以实现对材料的动态加载和性能测试。以下是一些常见的组件及其功能：

① 冲击头或锤。冲击头是冲击试验机的核心部件，用于产生冲击力。它通常由钢制成，具有尖锐的金属表面，能够快速、准确地传递能量到试件上。

② 导轨和滑动台。导轨支撑着冲击头，并确保其在垂直方向上的运动是线性的。滑动台则用于控制冲击位置，使冲击过程更加精确。

③ 传感器和数据采集系统。传感器用于测量施加到试件上的力或位移。数据采集系统包括加速度传感器、力传感器、模拟低通滤波器（ALPF）、A/D（模数）转换器和计算机等，用于记录和分析冲击过程中的动态响应。

④ 试件夹具和底座。试件夹具固定在底座上，确保试件的稳定性和安全性。底座通常由坚固的材料，如混凝土或木质框架制成，以提供足够的支撑。

⑤ 控制面板和计算机系统。控制面板用于设置实验参数，如冲击速度、角度和持续时间。计算机系统则用于实时监控和记录实验数据，并进行后续分析。

⑥ 安全装置。安全装置包括防反弹装置和光电门等，用于防止样品在受到冲击后反弹或意外移动。

（3）冲击试验机的分类

冲击试验机根据操作方式和控制方式可以分为以下几类。

1）手动摆锤式冲击试验机

手动摆锤式冲击试验机是最传统的冲击试验机类型，如图 2-21 所示，通过手动调节摆锤的高度来控制冲击能量，通过摆锤的自由落体运动产生冲击载荷。摆锤式试验机通常用于测定材料的冲击韧度和抗冲击能力。其优点是结构简单、成本低，但操作复杂且精度较低，适用于一些基础的材料测试。

图 2-21　手动摆锤式冲击试验机

工作原理：摆锤在重力作用下自由下落，撞击试件并释放能量。通过测量摆锤的势能变化，计算出试件的吸收功和冲击韧度值。

手动摆锤式冲击试验机由摆锤、机身、支座、度盘、指针等几部分组成。实验时将有缺口的试件安放在试验机的支座上，并使缺口位于试件的受拉侧，摆锤从一定高度自由下落，将试件冲断。

试件被冲断时所吸收的功设为 W_1。由试验机原理可知，实际上摆锤在上升和下落过程中，由于空气阻力和轴承摩擦等因素的影响要消耗一部分能量 W_2，因此试件被冲断时实际所吸收的

功 $W=W_1-W_2$。冲击试验机刻度盘上的标尺，已按 $W=W_1-W_2$ 换算，所以冲断试件所吸收的功可直接从试验机刻度盘上读出。弯曲冲击时的冲击韧度为：

$$\alpha_K = \frac{W}{A}$$

式中，W 是试件冲断时实际吸收的功；A 为试件缺口处横截面积。

冲击韧度 α_K 对温度的变化很敏感，当材料处于低温条件下，其韧性下降，材料会产生明显的脆化倾向。常温冲击实验一般在 5～20℃ 的温度下进行，当温度不在这一范围内时，应注明实验温度。

2）半自动冲击试验机

半自动冲击试验机在手动操作的基础上增加了部分自动化功能，如自动扬摆和数据记录功能，提高了测试效率和精度。JB-30 型摆锤式冲击试验机如图 2-22 所示。

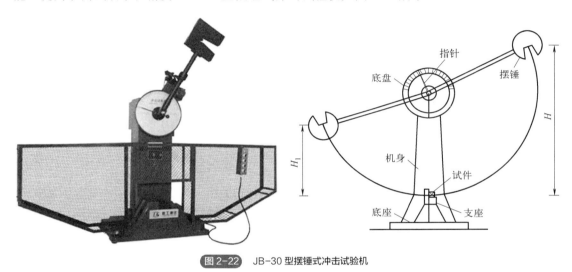

图 2-22 JB-30 型摆锤式冲击试验机

3）落锤式冲击试验机

落锤式冲击试验机通过自由落体的方式实现冲击，适用于建材、塑料等材料的抗冲击性能测试。其特点是操作简单、成本低，但精度相对较低。

这几类机型的优点：

① 能量输出高：能够提供极大的冲击能量，适用于重型材料的抗冲击性能测试。

② 灵活性高：试验机可以在不同的实验阶段停止，方便调整实验条件。

③ 空间利用率高：设备具有较大的组装空间，适合大尺寸样品的测试。

缺点：

① 应变率限制：由于摆锤速度有限，因此不适合高应变率测试。

② 样品准备复杂：需要设计特殊的样品夹具以确保样品在冲击过程中保持稳定。

4）数显冲击试验机

数显冲击试验机通过高速传感器和角位移检测器实现数据的实时采集和显示，能够生成 $N\text{-}T$（冲击次数-温度）曲线和 $J\text{-}t$（冲击吸收能量-时间）曲线，并支持数据存储和报告打印。

数据采集系统通过高速数据采集卡记录实验数据，并利用软件进行分析和建模。

5）全自动冲击试验机

全自动冲击试验机（图 2-23）通过微机控制系统实现全程自动化操作，包括自动扬摆、数据采集和存储等功能，适用于高精度和高效率的测试需求。辅以高速摄像机和传感器，可用于捕捉冲击过程中的动态图像和测量冲击参数。高速摄像机可以记录高达数千帧/秒的图像，传感器则用于测量加速度、位移和能量分布。

图 2-23　全自动冲击试验机

数显冲击试验机、全自动冲击试验机的优点：

① 高精度测量：无须额外应用应变计，适合高应变率测试。

② 集成数字图像技术：该设备易于集成数字图像相关技术，便于实时监控和数据采集。

③ 适用范围广：拉伸和压缩载荷均可测试，适用于多种材料的力学性能评估。

缺点：

① 应变率限制：当应变率超过 $10^2 s^{-1}$ 时，测试结果可能不准确，因为波浪叠加现象会导致测试误差。

② 设备成本高：由于需要高性能的伺服系统和液压装置，设备价格较高。

（4）冲击试验机的工作原理

冲击试验机的工作原理是通过模拟实际环境，评估材料的抗冲击性能。具体过程如下：

① 能量准备阶段：根据测试要求，调整摆锤或落锤的高度，使其具有一定的势能。对于液压式冲击试验机，则通过液压泵将高压油输送到油缸中，使油缸产生推力。

② 冲击阶段：冲击头从静止状态开始下落，通过导轨和滑动台保持直线运动。当冲击头达到预定位置时，其动能转化为对试件的冲击力。

冲击头以一定的速度撞击试件，产生瞬时的高能量冲击载荷。传感器实时监测并记录冲击力、位移和加速度等参数。

当摆锤或落锤释放时，在重力作用下自由下落，对固定在试件上的冲击头施加冲击力。对于液压式冲击试验机，油缸推动活塞产生冲击力。

③ 数据采集阶段：冲击过程中，传感器实时采集试件的载荷、位移等数据，并通过数据采集系统传输到计算机中进行分析和存储。

数据采集系统将冲击过程中的动态响应转化为电信号，并通过计算机进行处理和分析。结果可以用于评估材料的力学性能，如抗冲击强度、韧性等。

④ 结果分析阶段：计算机根据采集的数据生成 N-T 曲线和 J-t 曲线，并根据这些曲线计算材料的抗冲击性能指标。

⑤ 卸载阶段：冲击完成后，缓冲器吸收剩余的能量，保护设备和操作人员的安全。

2.1.9　ZK-3VIC 型虚拟测试振动与控制实验装置

ZK-3VIC 型虚拟测试振动与控制实验装置是一种高效、灵活且成本较低的实验设备。该装置的核心技术在于通过虚拟仪器技术实现振动信号的采集、分析和处理。优点有：快速响应实验需求，缩短开发周期并节省费用；支持实时数据采集和分析，能够及时发现和处理问题；可以根据需要添加或修改功能模块，具有较高的灵活性和扩展性，为实验教学和科研提供了有力支持。

该装置通常包括压电式加速度传感器、信号放大器、数据采集卡以及动态信号分析仪等硬件设备，同时配备相应的软件平台用于信号处理和分析。主要特点包括多样的振动系统设计、多种振动控制方法以及在线选择窗函数和滤波器进行信号处理，并通过 FFT 变换频谱分析振动信号的特征频率。总之，它是一种高度集成的实验设备，适用于机械工程教育、振动测试与分析以及故障诊断等多个领域。

（1）实验装置的组成

如图 2-24 所示，本装置由振动测试与控制试验台、激振与测振系统、动态采集分析系统组成。该实验装置的核心是虚拟仪器系统，用于信号的生成、处理和分析。虚拟仪器系统可以独立运行，也可以结合硬件设备使用。

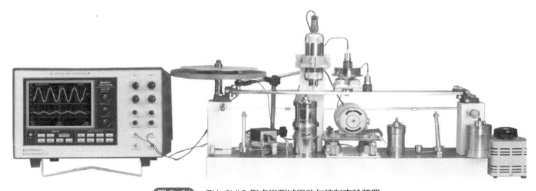

图 2-24　ZK-3VIC 型虚拟测试振动与控制实验装置

振动测试与控制试验台由弹性体系统（包括简支梁、悬臂梁、薄壁圆板、单/双自由度系统、三自由度系统模型等）组成，配以主动隔振、被动隔振用的空气阻尼减振器、动力吸振器等，用于模拟不同类型的振动系统，可完成振动与振动控制等 20 多个实验项目。

激振系统用于产生振动信号，包括：DH1301 扫频信号发生器；DH40020 型接触式激振器；JZF-1 型非接触式激振器；偏心电机、调压器；力锤。测振系统包括：DH620 磁电式速度传感器；DH187ICP 加速度传感器；DH902 电涡流位移传感器；力传感器。

动态采集分析系统包括：信号适调器；数据采集分析仪；计算机系统（或笔记本电脑）；控

制与基本分析软件；模态分析软件。该系统作为操作面板，用于完成单通道或双通道振动信号的时域和频域分析。

（2）实验装置主要部件的使用方法

① 激振系统的使用方法：先将 DH1301 信号源接通电源，并处于关闭状态，用激振器信号输入线把激振器与 DH1301 后端的功率输出接线柱相连，打开电源开关，设置一个自定义的正弦定频信号，仪器进入正常工作状态。

② DH40020 电动型接触式激振器的使用方法：激振器与被测物体可靠连接，接好配置仪器，启动激振器信号源，设定相应的激振频率，即可实现对试件的激振。

③ JZF-1 磁电型非接触式激振器的使用方法：将非接触式激振器安装在磁性表座上，根据被测激振件的刚度大小调节激振器与被测激振件的初始间隙。在做实验时，还应根据各阶固有频率的高低随时调节激振器与被测激振件的间隙，使之不会发生碰撞。启动激振信号源，即可实现对试件的激振。

④ 偏心电机和调压器的使用方法：单相串激整流子电机适用单相直流电源供电，其转速随负载或电源电压的变动而变化。我们用改变电源电压的办法来调节电机的转速，使电机转速可在 0～8000r/min 的范围内调节。转速的改变使电机偏心质量的离心惯性力的大小和频率发生改变，利用偏心质量的离心惯性力，即可实现对试件的激振。

⑤ 动态数据采集分析仪的使用方法：仪器与传感器通过适调器或连接线连接，接上电源，启动仪器，安装驱动（若为以太网口，则跳过），打开软件进行信号采样等操作。

（3）技术特点

ZK-3VIC 型实验装置利用虚拟仪器技术，将硬件设备与软件平台相结合，通过计算机完成信号的采集、处理和分析，具有灵活性高、扩展性强的特点。装置包含多个模块，如激振系统、振动测量系统、减振系统等，可以根据实验需求灵活组合；配备高性能的数据采集卡和动态信号分析仪，能够实时采集和分析振动信号，支持多通道信号的时域和频域分析。

（4）实验功能

装置可以模拟多种振动模型，包括简支梁模型、悬臂梁模型等，并通过加速度传感器测量振动位移、速度和加速度。通过虚拟控制器和闭环控制系统，实现对振动系统的动态控制，优化控制策略并验证其效果。该装置被广泛应用于高校的教学和科研中，用于理论验证性实验和实际工程问题的研究。

（5）操作系统亮点

① 软件平台：ZK-3VIC 型实验装置的操作界面主要通过 LabWindows/CVI 软件实现，该软件支持虚拟仪器的开发，具有友好的图形用户界面（GUI），能够模拟传统仪器的操作方式，同时可利用计算机的智能化功能，如运算、存储、回放、调用、显示和文件管理等。

② 界面设计：实验装置的主界面通常包括多个功能模块，如信号生成、信号采集、数据处理和结果展示等。这些功能模块通过菜单栏或选项卡形式呈现，用户可以通过点击菜单项来调

用相应的子界面。此外，界面设计注重操作的直观性和便捷性，如使用图形化按钮、旋钮以及流程图等方式来控制实验过程。

③ 数据展示与交互：界面中包含多种数据展示方式，如文本和图形结合的多文档界面（MDI），便于用户查看实验信息、参考谱、控制谱、驱动谱、互谱相位及系统传递函数矩阵等数据。同时，用户可以通过拖动鼠标、点击按钮等方式进行交互操作，如调整参数、启动实验或停止实验。

④ 硬件支持：虽然 ZK-3VIC 型实验装置以虚拟仪器技术为核心，但其操作界面也需与硬件设备配合使用。例如，通过动态信号分析卡和动态信号采集卡实现闭环控制，并通过 PCI-4551、PCI-6724 等硬件设备完成信号的采集和处理。

⑤ 教学与科研应用：ZK-3VIC 型实验装置广泛应用于高校的教学和科研中，其操作界面设计符合教学需求，能够帮助学生理解振动测试的基本原理和实验方法。同时，该装置支持多用户同时操作，适合团队协作实验。

⑥ 扩展性与灵活性：由于基于 LabWindows/CVI 平台，ZK-3VIC 型实验装置的操作界面具有很高的扩展性和灵活性。用户可以根据需要自定义界面布局和功能模块，从而满足不同实验场景的需求。

（6）优势与价值

① 经济性：相比于传统的物理实验设备，ZK-3VIC 型实验装置具有成本低、体积小、便于携带的特点，适合多用户同时使用。

② 高效性：通过虚拟仪器技术，实验过程更加便捷高效，能够快速完成信号采集、分析和存储。例如，通过 LabVIEW 等软件平台，虚拟仪器能够实现信号采集、滤波、频谱分析等功能，并支持多通道数据采集和实时处理。

③ 灵活性和可扩展性：虚拟仪器通过软件编程实现功能，用户可以根据需要随时修改程序，从而改变或扩展实验装置的功能。这种灵活性使得虚拟仪器能够适应多种实验需求，而无须更换硬件设备，这在传统硬件测试装置中是难以实现的。

④ 高效的数据处理与分析能力：虚拟仪器利用高性能计算机和先进的软件技术，可以快速采集、处理和分析大量数据。

⑤ 多功能集成与模块化设计：虚拟仪器可以集成多种功能模块，如信号采集、放大、显示和存储等，通过模块化设计实现一机多用。例如，ZK-3VIC 型实验装置集成了振动测量、信号分析和动态信号采集等功能，能够满足多种实验需求。

综上，ZK-3VIC 型实验装置的操作界面以 LabWindows/CVI 为核心，结合友好的图形化设计和灵活的硬件支持，为用户提供了一个高效、便捷且功能强大的实验操作平台。

2.1.10　YJ-ⅡD-Y-1000 型结构力学组合实验装置

YJ-IID-Y-1000 型结构力学组合实验装置是一种多功能的实验设备，主要用于"结构力学""钢筋混凝土结构设计原理""钢结构设计原理"等课程的教学和实验研究。

该装置具有灵活性，可以根据具体实验需求调整加载方式和加载点位置。此外，该装置支持多点、多方向的拉/压力加载，适用于力学性能测试、结构内力分布分析、算法验证以及工程问题模拟等实验，能够完成多种基本实验和复杂实验任务，同时支持学生自主设计实验项目，培养其动手能力和创新思维。其多功能性和高精度特性使其成为工程力学实验室的重要组成部分。

（1）实验装置的组成

如图2-25所示，此实验装置由加载框架、加载单元、实验模型、测试分析系统和辅助部分组成。

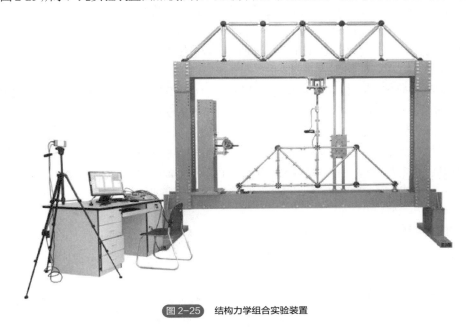

图 2-25   结构力学组合实验装置

① 加载框架：采用四立柱门式自反力结构，框架尺寸为2800mm×880mm×1200mm，立柱和横梁均采用200×200H型钢制作，具有较高的刚度和稳定性。

② 加载单元：采用液压加载方式，可手动或自动切换，加载油缸最大载荷为300kN，行程为150mm，加载精度高；加载分配梁可与加载油缸、测力传感器、加载分配点直连，以方便实验的快速准备。

③ 实验模型：采用装配式结构，结点盘和杆件均采用剖分式设计，可模拟铰结点、刚结点及半刚结点的特性，结点类型可任意转换。

④ 测试分析系统：包含数据采集模块，支持多通道静态数据采集，配备16通道静态数据采集分析系统，支持多点位移、弯矩和反力的测量，数据采集频率可达1Hz，误差小于5%，能够实时显示和记录位移、载荷及应变等数据。

此实验装置是一款功能强大、技术先进的教学实验设备，单台主要进行平面结构的实验；结合移动竖梁、移动立柱可进行平面结构的多点、多方向加载，可满足进行构件力学性能测试的需要；两台平面实验装置可方便组合成一台空间型结构力学组合实验装置，可进行空间结构多点、多方向的加载测试实验。实验项目转换灵活，实验功能扩充方便，可根据实验要求进行不同的配置。

（2）可完成的实验项目

1）"钢筋混凝土结构设计"部分

① 不同配筋类型钢筋混凝土简支梁破坏性实验；

② 足尺适筋梁力学特性测试实验；

③ 连续梁弯曲实验；

④ 短柱偏心压缩实验。

2）"材料力学实验"部分

① 带侧向支撑的压杆稳定开放式实验；

② 双等强度梁开放式实验；

③ 梁弯曲位移互等定理验证实验。

3）"结构力学实验"部分

① 杆件结构基本构件及测试原理认识实验；

② 典型杆件结构内力及结点位移验证实验；

③ 杆件结构计算方法验证实验；

④ 杆件结构特例实验；

⑤ 梁弯曲位移互等定理验证实验；

⑥ 工程实际中的问题模拟实验；

⑦ 学生自主研究型实验。

4）"钢结构设计"部分

① H型钢梁弯曲实验；

② 焊接钢架内力分布测试实验；

③ 球结点桁架内力分布测试实验；

④ 结构次应力测试分析实验；

⑤ 静定与超静定桁架和刚架结构的力学性能测试。

5）"空间结构"部分

① 板壳类结构多点加载测试；

② 空间网架结构实验；

③ 桥梁模型静载和动载实验；

④ 通过移动立柱和竖梁，将两台装置组合成空间型结构力学实验装置，用于复杂空间结构的力学性能测试。

6）"结构动力学"部分

① 结构振动模型实验；

② 力学性能测试与验证。

（3）主要技术参数

① 框架采用四立柱门式空间自反力结构，立柱均采用 200mm×200mm 的 H 型钢加工，下横梁采用箱型钢梁，上横梁采用箱型钢梁与球结点桁架组合成的组合结构。整体长×宽×高不大于 3500mm×3500mm×3100mm，实验空间不小于 3500mm×2500mm×1700mm，上横梁梁跨中最大载荷不小于 300kN；框架内部设计有受力平行直线导轨，实验配件均通过导轨与框架连接。所有部件均按通用装配式冗余设计，可方便安装活动立柱、活动竖梁、模型振动平台等实验装置。

② 梁弯曲加载油缸最大载荷不小于 300kN，行程不小于 150mm，手动调节行程不小于 100mm；梁支座跨度 500～3000mm，连续可调；分配梁跨度 0～1400mm，按模数可调；采用

正交铰支座，具有自动找平功能。

③ 配备计算机数据采集分析系统，可进行位移、载荷、应变等参数的实时采集和分析。数据采集部分采用 16 通道静态数据采集分析系统，每个通道均设计有五芯航空插座快速接口，采样频率 1Hz；测力传感器精度优于 ±1%，位移传感器精度优于 ±0.5%。

④ 结构力学实验模型采用装配式结构，装置各部件均采用通用设计，便于安装和拆卸，支持组合成空间型结构力学实验装置。采用通用的结点盘及杆件，结点单元按结点性质分为固结点与铰结点两种，按种类分为全固、全铰、半固半铰三种，基本夹角为 30° 和 45°。实验杆件整体镀铬，需粘贴好相应的电阻应变片，并配套相应的接插件；配套的支座传感器可测量反力、弯矩和剪力，蜗轮蜗杆手动加载，实测数据与理想模型相比误差小于 5%。

（4）操作步骤

1）实验准备

① 收集实验所需的材料和设备，包括钢筋混凝土结构模型、加载框架、加载单元、传感器等；

② 检查实验装置的各部件是否完好，确保加载框架、移动立柱和横梁等安装牢固；

③ 准备好载荷传感器、电阻应变片及其粘贴位置，并确认其灵敏度系数和阻值。

2）模型组装

① 将实验模型（如钢筋混凝土结构）按照设计要求组装完成，调整各构件的位置并拧紧螺钉或螺栓；

② 确保模型的结点和支撑点与加载装置匹配，例如将正交铰支座安装在相应的支座上。

3）连接测试线路

① 将传感器与数据采集系统连接，确保信号传输正常；

② 设置测试参数，包括加载速率、最大载荷值以及数据采集频率。

4）加载操作

① 使用液压加载装置进行加载，通过手动泵调整油缸活塞杆的位置以施加水平或竖向载荷；

② 加载过程中需控制加载速度，避免过快导致模型失稳；

③ 在加载过程中，实时监测结点位移、杆件内力及应变数据。

5）数据采集与分析

① 实验过程中，通过传感器实时采集数据，并记录结点位移、杆件内力和应变等信息；

② 使用数据采集系统或实验教学软件对数据进行分析，绘制载荷-位移曲线或应力-应变曲线；

③ 对比理论计算值与实验测量值，分析误差来源并进行误差分析。

6）实验总结

① 根据实验数据，完成实验报告，包括实验目的、步骤、结果分析及结论；

② 对实验中发现的问题进行总结，并提出改进建议。

（5）使用注意事项

1）安装与调试

① 在安装前须确保设备基础平整且牢固，避免因安装不当导致设备损坏；

② 检查液压系统是否正常工作，确保加载油缸和传感器连接可靠。

2）操作规范

① 实验过程中应严格按照操作手册进行，避免误操作导致设备损坏或人身伤害；

② 加载时应缓慢施加载荷，避免突然冲击；

③ 加载过程中需密切观察设备运行状态，如发现异常应及时处理。

3）数据采集与分析

① 采集数据时需确保传感器正确安装并粘贴电阻应变片，避免因接触不良影响数据准确性；

② 实验结束后应及时保存数据，并进行必要的数据分析，以验证理论计算值与实验值的吻合度。

4）安全防护

① 使用设备时需戴防护手套和眼镜，避免直接接触尖锐部件或高温设备；

② 实验结束后须关闭电源并清理设备，确保设备处于安全状态。

5）维护保养

① 定期检查液压系统和传感器的状态，及时更换损坏部件；

② 对于移动立柱和横梁的轨道，须保持清洁并定期润滑，以确保其灵活移动。

2.2　测量仪器介绍

2.2.1　百分表和千分表

百分表（千分表）是美国的 B.C.艾姆斯等于 1890 年发明的。它常用于形状和位置误差以及小位移的长度测量，是一种精度较高的比较量具，它只能测出相对数值，不能测出绝对数值。百分表（千分表）是利用精密齿条齿轮机构制成的表式通用长度测量工具。结构如图 2-26 所示。

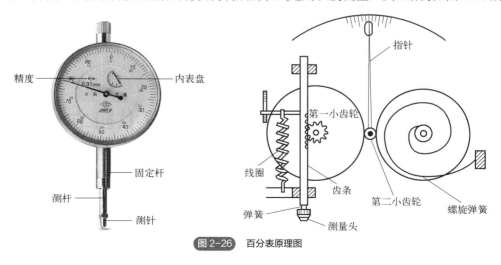

图 2-26　百分表原理图

当量杆移动 1mm 时，这一移动量通过齿轮传动系统（齿条、游丝、齿轮和轴齿轮）放大后传递给安装在轴齿轮上的指针，使指针转动一圈。若圆刻度盘沿圆周印制有 100 个等分刻度，每一分度值即相当于量杆移动 0.01mm，则这种表式测量工具常称为百分表。百分表的示值范围一般为 0~10mm，大的可以达到 100mm。改变测头形状并配以相应的支架，可制成百分表的变形品种，例如厚度百分表、深度百分表和内径百分表等。如用杠杆代替齿条，则可制成杠杆百分表和杠杆千分表，其示值范围较小，但灵敏度较高。此外，它们的测头可以在一定角度内转动，能适应不同方向的测量，结构也紧凑。它们适用于测量普通百分表难以测量的外圆、小孔和沟槽等的形状和位置误差。百分表的读数准确度为 0.01mm。当测量杆向上或向下移动1mm 时，通过齿轮传动系统带动大指针转一圈，小指针转一格。刻度盘在圆周上有 100 个等分格，合格的读数值为 0.01mm。小指针每格读数为 1mm。测量时指针读数的变动量即为尺寸变化量。刻度盘可以转动，以便测量时大指针对准零刻线。

若增加齿轮放大机构的放大比，使圆表盘上的分度值为 0.001mm 或 0.002mm（圆表盘上有200 个或 100 个等分刻度），则这种表式测量工具即称为千分表。百分表、千分表二者的原理是相同的。千分表是利用齿轮放大原理制成的微小位移测量仪器。在其表盘上有一个大指针和一个小指针。触头的上下移动会引起大指针做相应的顺时针和逆时针转动。大指针转一圈，带动小指针同向转一格。大指针每转动一格，表示触头的位移为 0.001mm，一圈为 200 格。小指针的最大刻度值即为千分表的最大量程。千分表工作时将触头紧靠在被测物体上，安装固定时应使触头有一定的初始位移（即小指针有一定的初读数）。测量时，物体在触头接触点的位移会带动触头做上下移动，而使大指针转动，通过记读大指针的读数即可得到物体与触头接触点的位移。由于千分表的读数精度比百分表高，所以百分表适用于尺寸精度为 IT6~IT8 级零件的校正和检验；千分表则适用于尺寸精度为 IT5~IT7 级零件的校正和检验。

百分表和千分表按其制造精度，可分为 0 级、1 级、2 级三种，0 级精度最高。使用时，应按照零件的形状和精度要求，选用合适的百分表或千分表的精度等级和测量范围。使用时注意以下事项：

① 使用前，应检查测量杆活动的灵活性。即轻轻推动测量杆时，测量杆在套筒内的移动要灵活，没有任何轧卡现象，每次手松开后，指针能回到原来的刻度位置。

② 使用时，必须把百分表固定在可靠的夹持架上。切不可贪图省事，随便夹在不稳固的地方，否则容易造成测量结果不准确，或摔坏百分表。

③ 测量时，不要使测量杆的行程超过它的测量范围，不要使表头突然撞到工件上，也不要用百分表测量表面粗糙或有显著凹凸不平的工件。

④ 测量平面时，百分表的测量杆要与平面垂直；测量圆柱形工件时，测量杆要与工件的中心线垂直。否则，将使测量杆活动不灵或测量结果不准确。

⑤ 为方便读数，在测量前一般都让大指针指到刻度盘的零位。

⑥ 百分表不用时，应使测量杆处于自由状态，以免表内弹簧失效。

2.2.2　球铰式引伸仪

球铰式引伸仪是材料力学实验中用于测量微小变形的机械式引伸仪。它用两对顶尖螺钉，拧紧后引伸仪就固定在被测试件上。引伸仪的上顶尖为固定顶尖并与上标距叉连接，下顶尖为活动顶尖并与下标距叉连接，试件无变形时上、下标距叉的中心间距为引伸仪的标距。安装在表座板上的千分表触头应与下标距叉紧密接触，此时千分表小指针应有一定的初读数。试件变形时，上标距叉基本不动，试件的变形带动顶尖螺钉位移，从而使下标距叉绕球铰中心轻微转动。这样，下标距叉形成一个以球铰为支点的杠杆，使得千分表的触头产生位移，根据球铰、顶尖和千分表的触头位置即可得试件的变形。

QY-1 型球铰式引伸仪是一种机械式引伸仪，标距 $L=100$mm，放大倍数 $K=2000$，量程为 $0\sim0.5$mm。它由变形传递架和千分表两部分组成，其原理如图 2-27 所示，由图可知，上、下顶尖的距离 EF 即为引伸仪的标距 L。笔者所在实验室用的球铰引伸仪，千分表触头的位移是活动顶尖位移的两倍，即实际测量时，千分表大指针每转动一格，表示试件的变形为（1/2000）mm。

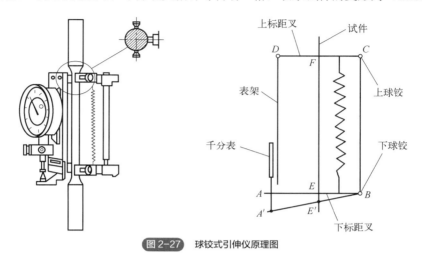

图 2-27　球铰式引伸仪原理图

使用时，将试件从上、下标距叉的缺口中放入，并拧紧上、下顶尖螺钉，使上、下顶尖嵌入试件。这样，当试件变形时，引伸仪上、下顶尖之间的距离也将随之改变，下标距叉将绕下球铰 B 发生偏转。由于上标距叉与表架为刚性连接，试件发生变形时，只有下标距叉发生了偏转。设试件标距内的总伸长 $\Delta l = EE'$，由于引伸仪设计时，已使 $AE=BE$，所以有

$$\frac{AA'}{EE'} = \frac{AB}{BE} = 2$$

因此，通过千分表所反映的千分表顶杆测头与测头固定件之间的相对位移 AA'，实际上就是试件在标距范围内的变形 Δl 的两倍。根据仪器的放大倍数的定义，有

$$K = \Delta A/\Delta l$$

式中，Δl 为试件在标距内的变形，mm；ΔA 是千分表上的读数，格。因为千分表上每格的读数相当于 0.001mm，所以 QY-1 型球铰式引伸仪的放大倍数 K 为 2000。

2.2.3　静态电阻应变仪

电阻应变仪型号繁多，常用的有静态电阻应变仪（如 YJ-25、7V14C、XL2101C 型等）、静动态电阻应变仪（如 YJD-1 型）、动态应变仪（如 YD-15 型），以及数字式应变仪、遥测应变仪等。

（1）YJ-25 静态电阻应变仪

它是应变测试中常用设备之一，采用了大规模集成电路、数码显示和长导线补偿技术，具有精度高、稳定性好、可靠性高、抗干扰能力强、体积小、重量轻、使用和维修方便等特点。

1）仪器结构

前面板如图 2-28 所示，包括电源开关，粗/细调节、基零/测量按钮，及灵敏系数旋钮、电阻平衡电位器、基零平衡电位器和读数显示屏。后面板如图 2-29 所示，包括标定、电桥盒、平衡转换器，以及灵敏度调节旋钮及电源输入插口、平衡箱插口、保险丝等。

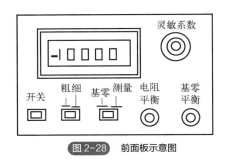

图 2-28　前面板示意图

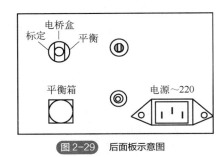

图 2-29　后面板示意图

2）操作步骤

① 接线：连接电源，连接应变仪及电桥盒的各接线。将与工作片和补偿片相连的导线接入电桥盒。根据测量的需要，电桥盒的接线有半桥及全桥连接两种。

② 标定：调整灵敏系数，使指示值 K 对在 2.00 上，在仪器标定后，再对至与应变片灵敏系数相同的数值上。

a. 半桥连接：电桥盒上的 1、2、3、4 分别相当于电桥的 A、B、C、D 四个接线柱，R_3、R_4 为电桥盒内的两个标准电阻。将接线柱（1，5）、（3，7）、（4，8）分别短接，在（1，2）之间接工作片 R_1，（2，3）之间接补偿片 R_2，即为半桥单点连接，见图 2-30（a）。

b. 全桥连接：将电桥盒 1 和 5，3 和 7，4 和 8 之间的短接片全部取下。分别在（1，2）、（2，3）、（3，4）、（4，1）之间接应变片，即为全桥连接，见图 2-30（b）。

多点测量时应变片的导线接入 P20R-25 型预调平衡箱，并将预调平衡箱与应变仪连在一起，后面板上的开关拨到预调箱挡上。

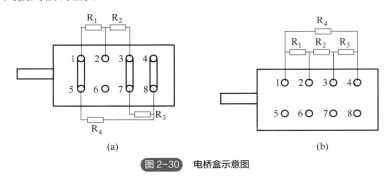

（a）　　　　　　　　　　　　　　　　（b）

图 2-30　电桥盒示意图

③ 通电调节：检查接线无误后，按下电源开关。

a. 将"基零/测量"按钮置"基零"挡，调节"基零平衡"电位器，使显示屏显示为 ±0000。

b. 将"基零/测量"按钮置"测量"挡，调节"电阻平衡"电位器，使显示屏显示为 ±0000，这时将粗/细调节按钮置于"细"，若调零无法调到 ±0000，则按下"粗"。

c. 将后面板开关拨至"标定"挡，调节灵敏系数旋钮，使标定值显示为 $10000 \mu \varepsilon$ ❶，然后

---

❶ με，即微应变。

拨至"电桥盒"挡。

　　d．反复几次调平衡（零点）和标定值读数（10000με）。

　　e．为了提高测试精度，每隔一段时间在无载荷情况下核对一下平衡和标定值读数。

　　④ 测量：再次置"测量"挡，仪器即可按预定加载方案进行测量。

　　3）注意事项

　　① 仪器使用前应预热半小时，可连续工作 4 小时。周围应无腐蚀性气体及强磁场干扰。

　　② 导线、连线、插头均应旋紧。测量工作片与补偿片电阻值应尽量一致，连接导线应采用长度、规格相同的屏蔽电缆，测量时导线不得移动。

　　③ 严格遵守操作规程。实验中若发现故障，应立即关掉电源。

　　4）预调平衡箱

　　预调平衡箱是与静态应变仪配套使用以进行多点测量的仪器。常用的平衡箱可同时测量 20 个点的应变值，可进行半桥（单片补偿和多点公共补偿）、全桥应变测量及对其他转换成电压信号物理量的测量。预调平衡箱前面板如图 2-31 所示，后面板如图 2-32 所示。

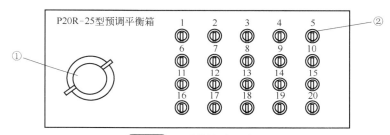

图 2-31　平衡箱前面板示意图

①—切换开关（转动该开关可进行多点测量，当该开关置于"0"时，预调箱处于转换状态）；②—电阻平衡电位器（用于调节测量点桥路的电阻平衡，将该电位器顺时针旋转则应变值增大，反之则减小）

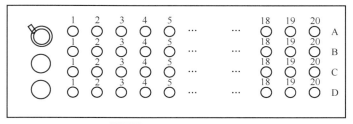

图 2-32　平衡箱后面板示意图

使用方法：

　　① 将 YJ-25 型静态电阻应变仪的选择开关置"平衡"挡。灵敏系数旋钮调到和使用的应变片灵敏系数相同的数值上。

　　② 平衡箱连接线分别插入"预调箱"座和"应变仪"座。

　　③ 按下 YJ-25 应变仪的电源开关，接通电源。并将"基零/测量"按钮置"测量"挡。

　　④ 将切换开关置于"1～20"挡，调节相应电阻平衡电位器，使电阻应变仪显示为"±0000"。

　　⑤ 接线半桥时，将平衡箱后面板转换开关打到半桥，在平衡箱上把工作片接在 AB 接线柱上，把补偿片接在 BC 接线柱上。若想用一个片补偿所有工作片，可用短接铜片把对应的 C 行所有接线柱短接起来。在 BC 接线柱上接一只补偿片。全桥测量时，将平衡箱后面板转换开关置全桥位置，并依次将应变片引线接在平衡箱的 A、B、C、D 接线柱上。

⑥ 加载，旋转切换开关并记录相应的测量值。

注意：如在测量时发现有跳字现象，可将桥路 B 结点和接地柱用导线连接起来，并要求电源插座的接地线接地。

（2）XL2101C 型静态电阻应变仪

该设备也是在力学实验室使用较频繁的一种仪器，如图 2-33 所示，是采用高精度 24 位 A/D 转换器、全新一代高性能 ARM 处理器等技术手段精心设计而成的一款仪器。该仪器采用 6 窗同时显示技术，观察方便、清晰直观。

图 2-33　XL2101C 静态电阻应变仪

1）性能特点

① 全数字化智能设计，操作简单。

② 组桥方式多样，如 1/4 桥（公共补偿）、半桥、全桥和混合组桥，适合多种力学实验。

③ 平衡方式：自动扫描平衡。

④ XL2101C 静态电阻应变仪采用 6 窗 LED 同时显示，可实现实时观测应变测试结果且互不影响。不必进行通道切换即可完成全部实验，测量值显示直观清晰、无须折算。

⑤ 测点切换采用进口真空继电器程控完成，减少因开关氧化所引起的接触电阻变化对测试结果的影响。

⑥ 该仪器采用精度高、稳定性强的运算放大器和数字滤波技术，使其具有非常高的测量精度、良好的稳定性和极强的抗干扰能力。

2）技术指标（前面板说明如图 2-34 所示）

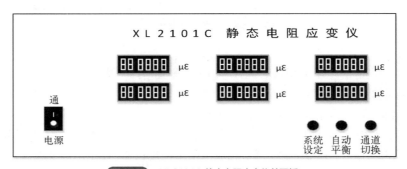

图 2-34　XL2101C 静态电阻应变仪前面板

仪器前面板左下部设有仪器电源开关。测量部分：2 位 LED 测点序号显示；5 位 LED 应变值显示；6 窗口同时显示。设有 3 个功能按键，分别为系数设定键、自动平衡键和通道切换键

① 主机测点：12 点。测量单位：με。分辨率：1με。测量范围：$-19999 \sim 38000$με。

② 灵敏度设置范围：1.00～9.99（单点设置，统一设置）。

③ 平衡方式：自动扫描平衡。扫描速度：12 点/0.5s。平衡范围：±38000με。

④ 显示窗口：6 个应变测量窗口。显示方式：7 位 LED，2 位测点序号，5 位测量值显示。

⑤ 组桥方式：1/4 桥（公共补偿）、半桥、全桥和混合组桥。

⑥ 精度：±0.2%（相对应变误差）±2με（绝对应变误差）。零点漂移：不超过±3με/4h；不超过±1με/℃。

3）组桥方式说明

XL2101C 静态电阻应变仪上面板由测量端和补偿端（公共补偿）两部分组成。在实际测试过程中，用户可根据测试要求选择不同桥路进行测试。该静态电阻应变仪组桥方式多样，如 1/4 桥（公共补偿）、半桥、全桥和混合组桥，具体接桥方法如图 2-35～图 2-37 所示。注意：

① 仪器测量端中每个测点上除了标有组桥必需的 A、B、C、D 四个测点外，还设计了一个辅助测点 B1，该测点只有在 1/4 桥（半桥单臂）时使用。在组接 1/4 桥路（半桥单臂）时，必须将 B 和 B1 测点之间的短路片短接；在组接半桥或全桥时必须将 B 和 B1 测点之间的短路片断开。在组接各种桥路时，若 B 与 B1 之间的短路片接法错误，会造成该通道显示值过载。

② 在 1/4 桥（共用补偿）中可以使用一个补偿端为所有测量端进行补偿。

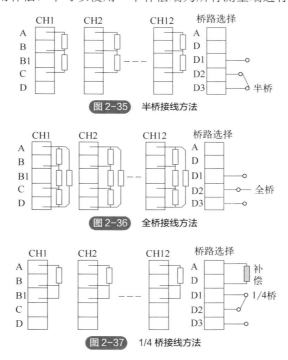

图 2-35 半桥接线方法

图 2-36 全桥接线方法

图 2-37 1/4 桥接线方法

4）参数设置

打开仪器电源开关，仪器进入自检状态，当 LED 显示"8888888"或"2101C"字样时，按下"系统设定"键 3s 以上，仪器自动进入工作模式设置状态。

在测量状态下按"系统设定"键 3s 以上，仪器自动进入参数设置状态，设置步骤如下：

① 应变片阻值选择：该仪器提供了 3 种应变片阻值供用户使用，分别为 120Ω/240Ω/350Ω，使用"通道切换"键进行应变片阻值切换。应变片阻值选择完成后，按"系统设定"键进行确认。

② 灵敏系数设定：灵敏系数设定范围为 1.00～9.99，按"自动平衡"键，循环改变闪烁位位置；按"通道切换"键，从 0～9 循环改变闪烁位数值；灵敏系数设置完成后，按"系统设定"键确认完成参数设置，仪器自动返回到测量状态。

所有设置全部完成，预热 20min 左右后即可进行正式测试。

5）仪器快速使用方法

① 使用 220V 交流电源为 XL2101C 程控静态应变仪进行供电。

② 根据测试要求，选择合适的桥路进行接线。建议尽可能采用半桥或全桥测量方法，以提高测试灵敏度及实现测量点之间的温度补偿。

③ 确认接线无误后，将工作模式设置为"OFF"本机自控工作模式。

④ 在测量状态下，对仪器进行参数设置。

⑤ 完成以上设置，对仪器进行预热（预热 20min 左右），以保证测量结果更加稳定。

⑥ 按"自动平衡"键，对所有测试通道进行桥路平衡。

⑦ 对仪器进行加载并记录测试数据，按"通道切换"键进行通道切换，方便查看各通道数据。

⑧ 测试完毕后，分析、计算测量数据，如果数据不理想，重新再做实验，直至实验数据理想为止（测试完毕后，应先卸掉载荷，再关闭仪器电源开关）。

⑨ 在测量状态下，请勿按"自动平衡"键，否则此组测量数据作废，卸载后按"自动平衡"键重新测试；在手动测量状态，"系统设定"和"自动平衡"键需按下 3s 以上方可生效，这是为了防止测试现场有人误操作影响测量数据；每次重新开机时间间隔不得少于 10s，防止显示混乱或通信不正常。

2.3　电阻应变片介绍

电阻应变片是一种用于测量物体机械应力和应变的传感器，其工作原理基于电阻变化与应变之间的关系。当材料受到外力作用时，其内部结构会发生形变，导致嵌入其中的电阻丝或薄膜伸长或缩短，从而引起电阻值的变化。通过测量这种电阻变化，可以推算出材料的应变情况。这种传感器广泛应用于机械、土木工程、航空航天等领域，用于监测结构的强度、安全性和动态特性。例如，在桥梁监测中，通过在桥梁的关键部位粘贴电阻应变片，可以实时监测桥梁的应力和变形情况，从而评估桥梁的安全性。在汽车制造中，电阻应变片用于监测车身结构在不同工况下的应力分布，以优化设计和提高安全性。

2.3.1　电阻应变片的分类

电阻应变片是一种将机械形变转换为电信号输出的传感器件。应变片的具体选择取决于应用需求、测量精度、成本和环境条件等因素。电阻应变片可以按以下方式分类。

（1）按材料分类

电阻应变片按材料可以分为金属应变片、半导体应变片、薄膜应变片等。

金属应变片：如图 2-38 所示，这种应变片通常由金属丝（或金属箔）绕制而成，具有较高的灵敏度和稳定性。金属应变片广泛应用于各种工业领域，如桥梁监测、应力测试等。

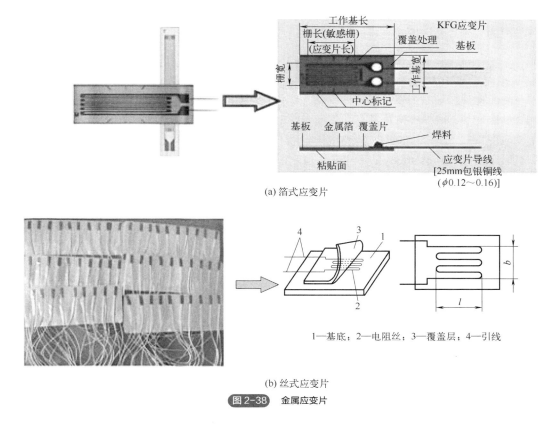

(a) 箔式应变片

1—基底；2—电阻丝；3—覆盖层；4—引线

(b) 丝式应变片

图 2-38 金属应变片

半导体应变片：半导体应变片利用半导体材料的压阻效应，其灵敏度通常高于金属应变片。半导体应变片适用于需要高精度和快速响应的应用场景，如航空航天领域。

薄膜应变片：薄膜应变片是一种二维薄膜传感器阵列，通常由金属迹线（如聚酰亚胺）与待测层表面压合而成。这种类型的应变片具有较高的灵敏度和较大的测量面积。

（2）按安装方式分类

根据安装方式的不同，电阻应变片可以分为表面粘贴式和埋入式两种。

表面粘贴式应变片：如图 2-39 所示，表面粘贴式应变片通过胶水或其他方式直接粘贴在被测物体表面。这种类型的应变片结构简单、安装方便，但灵敏度较低，容易受到环境的影响。

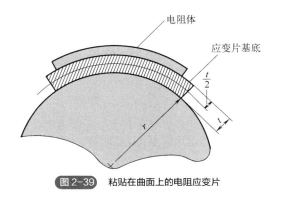

图 2-39 粘贴在曲面上的电阻应变片

埋入式应变片：埋入式应变片将金属丝埋入被测物体内部，然后用胶水或其他材料固定。这种类型的应变片灵敏度较高，能够更好地适应复杂的测量条件。

（3）按形状分类

电阻应变片按形状可以分为线性应变片、T形应变片和双剪切应变片等。

线性应变片：线性应变片具有均匀分布的电阻元件，其长度与宽度比为2∶1，主要用于测量单轴应变。

T形应变片（T-rosette）：T形应变片由三个线性应变片组成，形成一个T形结构。每个臂都连接到中心结点，并用于测量不同方向的应变。

双剪切应变片：其通常包含两个应变片，这些应变片以特定的方式布置以测量剪切变形，共享一个公共结点。这种结构可以同时测量两个正交方向上的应变。

（4）按用途分类

电阻应变片按用途可以分为通用型和特殊型。

通用型应变片：这类应变片适用于大多数常规应用场合，如桥梁监测、机械应力测试等。

特殊型应变片：特殊型应变片针对特定应用设计，如高温环境下的高温应变片、用于极端条件下的耐腐蚀应变片等。

2.3.2　电阻应变片的构造

电阻应变片由多个关键部件组成，包括敏感栅、基底、黏结剂、引线和覆盖层，如图2-40所示。这些部件共同作用，使应变片能够准确地将物理应力或应变转换为电阻变化，并通过电路系统输出电信号。

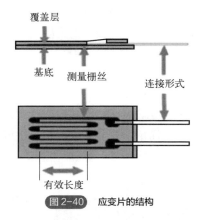

图2-40　应变片的结构

敏感栅（测量栅丝）：敏感栅是电阻应变片的核心部分，通常由金属丝或金属箔制成。丝式应变片是用直径为0.003～0.01mm的合金丝绕成栅状制成；箔式应变片则是用0.003～0.01mm厚的箔材经化学腐蚀成栅状。金属丝通常以栅状形式排列，形成一个细长的电阻网络。敏感栅的电阻值取决于其材料、几何尺寸以及电阻率。敏感栅的电阻变化是应变片测量的基础，当应变片受到外力作用时，敏感栅会因形变而引起电阻变化。例如，当应变片受到拉伸时，金属丝栅的长度增加，横截面积减小，导致电阻增大；反之，当应变片受到压缩时，金属丝栅的长度缩短，横截面积增大，导致电阻减小。

基底：基底是支撑敏感栅并保护其免受外界环境影响的材料。基底通常采用陶瓷、塑料或其他绝缘材料制成，具有较高的机械强度和良好的热稳定性。基底的主要作用是将敏感栅固定在被测物体表面，并确保敏感栅与基底之间的良好接触。基底的厚度一般较薄，通常在 0.03～0.06mm 之间，以确保足够的灵敏度。

黏结剂：黏结剂用于将敏感栅固定在基底上，并确保敏感栅与基底之间的牢固连接。常用的黏结剂包括环氧树脂、氰基丙烯酸酯等。黏结剂的选择对电阻应变片的性能有重要影响，需要具备良好的黏结强度、耐热性和抗蠕变性能。黏结剂不仅需要保证敏感栅的稳定性，还需避免因黏结剂本身的热膨胀系数差异导致的额外误差。

引线：引线是连接敏感栅与测量电路的导线，通常由较粗的金属丝制成。引线的主要作用是将敏感栅产生的微小电阻变化传输到测量电路中。引线的设计需考虑其导电性能和机械强度，以确保信号传输的稳定性和可靠性。在实际应用中，引线通常焊接在敏感栅的两端，并通过焊接点与测量电路连接。

覆盖层：覆盖层的主要作用是保护敏感栅免受外界环境，如湿度变化、腐蚀等的影响。覆盖层通常由绝缘材料，如聚氯乙烯（PVC）或环氧树脂制成。覆盖层不仅起到保护作用，还能提高应变片的整体机械强度和使用寿命。

2.3.3 电阻应变片的工作原理

电阻应变片的工作原理是基于应变电效应，即金属丝的电阻值随机械变形而发生变化的现象。主体敏感栅是一个电阻，在感受到被测物体的应变时，其电阻也同时发生变化。具体来说，当金属丝被拉伸时，其长度增加而横截面积减小，导致电阻值增大；相反，当金属丝被压缩时，其长度减小而横截面积增大，导致电阻值减小。

（1）粘贴与形变

将电阻应变片粘贴在被测物体的表面。当物体受到外力作用时，应变片随之发生形变。这种形变会导致敏感栅的几何尺寸发生变化，进而引起电阻值的变化。

（2）电阻变化

敏感栅的电阻变化可以通过惠斯通电桥电路进行测量。惠斯通电桥由四个电阻组成，其中一个是应变片的敏感栅。当应变片发生形变时，敏感栅的电阻值发生变化，从而改变电桥的平衡状态。通过测量电桥输出的电压变化，可以得到应变片的电阻变化信息。

（3）信号转换

电阻变化信号通常较小，需要通过放大器进行放大处理。放大后的信号可以转换为电信号输出，用于进一步的数据处理和分析。

（4）灵敏度与标定

电阻应变片的灵敏度是指单位应变引起的相对电阻变化量。灵敏度的大小直接影响到应变片的测量精度。为了确保测量结果的准确性，需要对应变片进行标定，即在已知应变条件下测量其电阻变化，并建立相应的标定曲线。

实验表明，被测物体测量部位的应变 $\Delta L/L$ 与电阻变化率 $\Delta R/R$ 成正比，即

$$\frac{\Delta R}{R} = K_s \frac{\Delta L}{L} \qquad (2\text{-}1)$$

式中，K_s 称为金属丝的电阻应变灵敏系数。

式（2-1）也可由物理学基本公式导出。

电阻值 R 与电阻丝长度 L 及截面积 A 之间的关系为

$$R = \rho \frac{L}{A} \qquad (2\text{-}2)$$

式中，ρ 为金属丝的电阻率。对式（2-2）等号两边取对数再微分得

$$\frac{\Delta R}{R} = \frac{\Delta L}{L} - \frac{\Delta A}{A} + \frac{\Delta \rho}{\rho} \qquad (2\text{-}3)$$

根据金属物理和材料力学理论可知 $\dfrac{\Delta A}{A}$、$\dfrac{\Delta \rho}{\rho}$ 也与 $\dfrac{\Delta L}{L}$ 成线性关系，由此得到

$$\frac{\Delta R}{R} = \frac{\left[(1+2\mu)+m(1-2\mu)\right]\Delta L}{L} = \frac{K_s \Delta L}{L} \qquad (2\text{-}4)$$

式中，μ 为金属丝材料的泊松系数；m 为常数，与材料的种类有关。

式（2-4）说明粘贴在构件上的电阻片，其电阻变化率 $\dfrac{\Delta R}{R}$ 与其感受到的应变值 $\dfrac{\Delta L}{L}$ 成正比，比例系数为 K_s。由于电阻片的敏感栅并不是一根直丝，所以比例系数一般在标准应变梁上由抽样标定测得，标定梁为纯弯梁或等强度钢梁。对电阻片来说，式（2-4）可写成

$$\frac{\Delta R}{R} = K_s \varepsilon$$

式中，ε 为应变。

2.3.4 电阻应变片的温度效应

温度变化时，金属丝的电阻值也随之产生变化，称之为 $\left(\dfrac{\Delta R}{R}\right)_T$。该电阻变化可分为两部分：一部分是由电阻丝的电阻温度系数 ∂_T 引起的，即

$$\left(\frac{\Delta R}{R}\right)_T' = \partial_T \Delta T$$

另一部分是由金属丝与构件材料的热膨胀系数 $(\beta_1、\beta_2)$ 不同而引起的，即

$$\left(\frac{\Delta R}{R}\right)_T'' = K_s(\beta_2 - \beta_1)\Delta T$$

因而温度引起的电阻变化为

$$\left(\frac{\Delta R}{R}\right)_T = \left[\partial_T + K_s(\beta_2 - \beta_1)\right]\Delta T \qquad (2\text{-}5)$$

要想准确地测量构件的应变，就要克服温度对电阻变化的影响：一种方法是使电阻片的系数 $[\partial_T + K_s(\beta_2 - \beta_1)]$ 等于零，这种电阻片称为温度自补偿电阻片；另一种方法是利用测量电路——电桥的特性来克服。

2.3.5　电阻应变片的未来发展趋势

尽管电阻应变片在许多领域得到了广泛应用，但仍存在一些技术挑战。例如，金属丝式应变片的灵敏度和疲劳寿命较低，而金属箔式应变片虽然在灵敏度和疲劳寿命上有所提升，但其制造成本较高，且粘贴面积较大，可能影响测量精度；电阻应变片在高温或恶劣环境下容易老化，影响其长期稳定性；在温度变化时容易产生误差，需要额外的温度补偿措施来提高测量精度；传统的电阻应变片通常体积较大，难以满足高精度和小型化的需求；应变片的机械滞后和蠕变现象也会影响测量精度；等等。

电阻应变片作为现代工程测量和传感技术的重要组成部分，其未来发展趋势将围绕材料创新、技术突破、应用领域拓展以及智能化发展展开。研究人员正在开发新型材料和结构设计。例如，采用纳米材料或复合材料作为敏感栅材料，以提高应变片的灵敏度和稳定性；通过优化粘接工艺和封装技术，可以进一步提升应变片的耐久性和可靠性。通过不断优化材料性能、提升制造工艺、拓展应用领域以及引入智能化技术，电阻应变片将在工程监测、生物医学、环境监测等领域发挥更大的作用。同时，新型传感机制的研究也将为电阻应变片的发展提供新的动力和方向。

（1）材料与结构优化

电阻应变片材料与结构优化是提高应变测量精度和可靠性的关键。

电阻应变片的敏感栅材料主要包括金属丝式（如康铜、镍铬合金）、箔式（如镍铬合金薄膜）和半导体式（如硅基压阻效应材料）。金属丝式应变片灵敏度较低，但适用于多种环境；箔式应变片散热性好、稳定性高，适合大批量生产；半导体应变片灵敏度高，但温度系数大且非线性误差较大。高灵敏度、低误差的应变片设计是未来研究的重点。

目前材料微观结构调控和新型材料正在被研究，如钨钛合金薄膜通过直流磁控溅射法在非晶基片上制备，表现出高应变灵敏系数和优异的温度稳定性。图 2-41 所示为不同材料组合在应变（strain）作用下的相对电阻变化（$\alpha = \Delta R/R_0$）特性，比较了炭黑（CB）和碳纳米管（CNT）混合导电复合材料的应变响应性能，证明了不同系列复合材料的应变响应都是逐渐增强的。在某些特殊领域，如高温合金和陶瓷基复合材料的测试中，光纤布拉格光栅（FBG）传感器与传统电阻应变片的对比研究显示，FBG 传感器在高温条件下具有更高的精度和可靠性。

此外，基于石墨烯和六方氮化硼（hBN）等二维材料的研究表明，这些材料在应变测量中展现出优异的性能。如图 2-42 所示，图（a）为器件的示意图，其中 TMBG 表示扭转双层双石墨烯结构，DMG 表示双门控石墨烯，二者构成异质结构；图（b）是器件的光学照片；图（c）显示其垂直结构层次，包括石墨（graphite）、hBN 和石墨烯堆叠；图（d）展示了在磁场 $B=1T$ 下不同垂直电场 D 与载流子浓度 n_{lol} 对电阻 R_{xx} 的影响；图（e）显示了在零磁场下 R_{xx} 随 D 和 n_{lol} 的二维映射图，其中 α、β、γ 表示不同的电荷中性点或能隙区域；图（f）给出了能带宽度 $U_{bandwidth}$ 与电场 D 的关系。

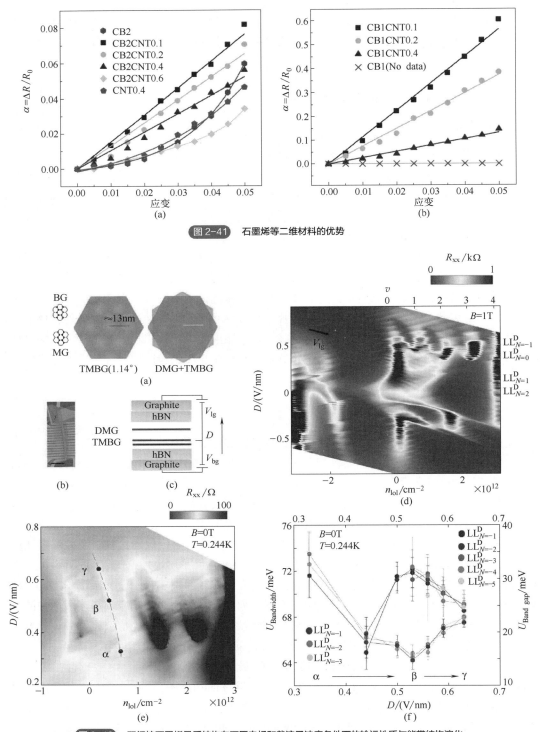

图 2-41 石墨烯等二维材料的优势

图 2-42 双门控石墨烯异质结构在不同电场和载流子浓度条件下的输运性质与能带结构演化

（2）制造工艺提升

传统的电阻应变片制造工艺包括光刻、蚀刻、涂胶等步骤，这些工艺对产品的均一性和成品率有较大影响。未来，自动化程度更高的制造工艺（如激光切割、微纳加工）将被广泛应用，以提高生产效率和产品一致性。此外，通过优化敏感栅的几何形状和基底材料，可以进一步提升应变片的性能。

（3）新型传感器技术

随着物联网和智能制造的发展，电阻应变片正向多功能化方向发展。例如，结合无线通信技术，电阻应变片可以实现远程监测和数据传输，从而满足工业自动化和智能控制的需求。此外，基于微机电系统（MEMS）技术的微型化电阻应变片也正在研发中，这将推动其在便携式设备和可穿戴设备中的应用。

（4）多功能化和智能化

开发具有特殊功能的电阻应变片，如提高测量精度、改善温度补偿能力等，以满足多样化需求。结合嵌入式传感器技术，实现多功能集成，如同时测量应力、应变和温度等参数。

（5）微型化和高效化

开发智能应变片，通过嵌入式芯片实现数据实时处理和传输，同时向微型化方向发展，以适应更复杂的应用场景。未来电阻应变片将向更小体积、更高效率的方向发展，以适应工业 4.0 和智能制造的需求。

（6）环境适应性提升

优化应变片的设计，使其在极端环境（如高压、高温）下仍能保持稳定的测量性能。

新型电阻应变片在灵敏度、稳定性、温度适应性、微型化设计和制造工艺等方面均优于传统应变片，具有更广泛的应用前景。

第 3 章

材料力学实验

 本章知识导图

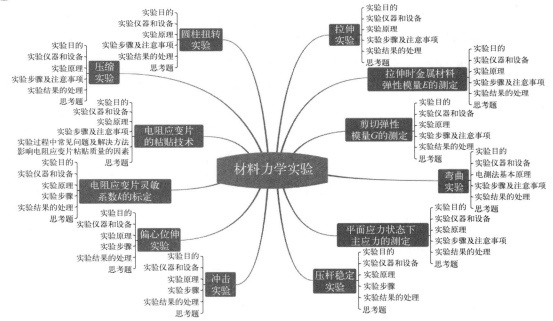

本章学习目标

应掌握的内容：

材料力学的基本概念，如应力、应变、弹性模量等，以及材料的弹性、塑性和断裂等基本性质；杆件内力、应力、变形分布规律的基本方法和原理；材料力学的基本理论，包括拉压杆内力、应力、变形分布规律，圆轴扭转内力、应力、变形分布规律，梁弯曲内力、应力以及变形计算的基本原理。

应熟悉的内容：

常用实验方法，如机测法、电测法和光测法；实验设备，如万能试验机、扭转试验机、多功能力学试验台、电阻应变仪、游标卡尺等的使用。

应了解的内容：

构件的安全对工程和社会的影响，正确的工程伦理观。

3.1 拉伸实验

3.1.1 实验目的

① 测定铸铁的强度极限 σ_b。
② 测定低碳钢的屈服极限 σ_s、强度极限 σ_b、延伸率 δ、断面收缩率 φ。
③ 观察低碳钢试件拉伸过程中的各种现象（包括屈服、强化和颈缩等），并绘制拉伸图 [F-ΔL（载荷-变形）图]。
④ 比较低碳钢（塑性材料）和铸铁（脆性材料）机械性质的特点、试件断口情况，分析其破坏原因。
⑤ 了解万能材料试验机的构造、工作原理，并掌握其操作与使用方法。

3.1.2 实验仪器和设备

① 试件：低碳钢及铸铁。
② 量具：游标卡尺。
③ 设备：万能材料试验机（WE-60、WE-30 等型号）。

3.1.3 实验原理

塑性材料的力学性能指标 σ_s、σ_b、δ 和 φ 是由拉伸实验来确定的。为此，将测试材料按国家标准（GB/T 228.1—2021）加工成标准试件或比例试件，由万能材料试验机进行加载。

3.1.3.1 低碳钢拉伸过程

利用试验机自动绘图器所绘出的低碳钢试件拉伸图如图 3-1（a）所示。由图可见，低碳钢的整个拉伸过程可分为如下四个阶段：

（1）弹性阶段（*Oab* 段）

当载荷不超过 F_e 时，试件只有极小的弹性变形，故曲线呈陡峭上升状。其中，在 *Oa* 段（载

荷不超过 F_p），试件的应力 σ 与应变 ε 成正比，故 Oa 为一直线段。对应于 a 点的应力 σ_p 称为比例极限，而对应于 b 点的应力 σ_e 称为弹性极限。

（2）屈服阶段（bcd 段）

当载荷超过 F_e 之后，试件的变形既有弹性变形，同时又有塑性变形。此时，试件进入屈服阶段。所谓"屈服"，即材料暂时失去抵抗变形的能力的现象。它是因金属晶格间产生相对滑动所致。此时，载荷不变，或略有波动，但变形却不断发生。拉伸图中得到一锯齿形曲线 bcd。其中，曲线最高点 c' 叫作上屈服点，它受加载速度及试件的过渡部分影响较大；曲线最低点 c 叫作下屈服点，它比较稳定。故规定以下屈服点 c 所对应的载荷（下屈服载荷）$F_{s下}$ 作为材料的屈服载荷，如图 3-1（b）所示，其对应的应力为屈服极限 σ_s：

$$\sigma_s = \frac{F_{s下}}{A_0}$$

式中，A_0 为试件原始截面面积，mm^2。

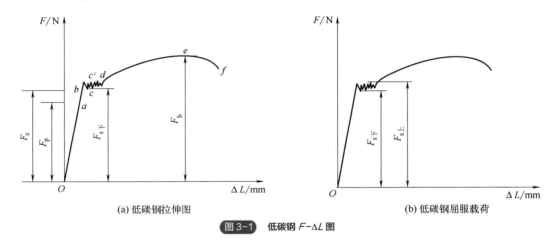

(a) 低碳钢拉伸图   (b) 低碳钢屈服载荷

图 3-1　低碳钢 F-ΔL 图

（3）强化阶段（de 段）

屈服结束后，材料又恢复了抵抗变形的能力。要使其继续伸长，必须增大载荷。此现象叫作强化。在拉伸图中，曲线又开始上升。随着实验继续进行，拉伸曲线上升平缓，说明此时变形较快而载荷增加较慢。在强化阶段，试件横向尺寸明显减小。强化阶段最高点 e 所对应的载荷，即为试件承受的最大载荷 F_b，其所对应的应力即为强度极限 σ_b：

$$\sigma_b = \frac{F_b}{A_0}$$

（4）局部变形阶段（ef 段）

载荷达到最大值 F_b 之后，曲线开始下降。与此同时，在试件的某一局部范围内，横向尺寸急剧缩小，这就是所谓"颈缩"现象（图 3-2）。由于颈缩部分横向尺寸迅速减小，试件变形所需拉力亦相应减小，故拉伸图上曲线向下弯曲。与此同时，测力度盘上的主动指针相应地由慢而快地向后回转。直至最后到 f 点，试件在颈缩处被拉断。整个形变过程如图 3-3 所示。

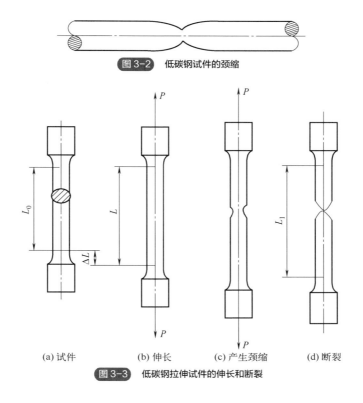

图 3-2　低碳钢试件的颈缩

(a) 试件　　(b) 伸长　　(c) 产生颈缩　　(d) 断裂

图 3-3　低碳钢拉伸试件的伸长和断裂

3.1.3.2　实验结束后的测量和数据处理

（1）低碳钢

材料的塑性指标由延伸率 δ 和断面收缩率 φ 表示。

1）所谓延伸率，即试样拉伸断裂后标距段的总变形与原标距长度之比的百分数，即

$$\delta = \frac{L_1 - L_0}{L_0} \times 100\%$$

式中，L_0 为试件原标距长度，mm；L_1 为试件拉断后的标距长度，mm。一般所用试件 $L_0 = 10d_0$，d_0 为试件直径，对应的延伸率记为 δ_{10}。

试件拉断后标距 L_1 的测量方法：

① 直接法：如果拉断处到较近标距点的距离大于试件原始标距 L_0 的 1/3，则直接测量 L_1。

② 移位法：如果拉断处到较近标距点的距离小于或等于 $L_0/3$，则按下述方法测定 L_1。

在试件断后的长段上从断裂处 O 取基本等于短段的格数，得 B 点。接着取等于长段所余格数（偶数）的一半，得 C 点；或取所余格数（奇数）分别减 1 与加 1 的一半，得 C 和 C' 点，如图 3-4 所示。移位后的标距 L_1 为

$$L_1 = AO + OB + 2BC \qquad （所余格数为偶数）$$

或

$$L_1 = AO + OB + BC + BC' \qquad （所余格数为奇数）$$

采用移位法处理的原因，是当试件断口靠近试件端部时，在断裂试件较短的一段上，将受到试件头部较粗部分的影响而降低了颈缩部分的伸长量，从而使断后伸长率 δ 偏小。采用移位法处理，则可适当弥补其偏差。

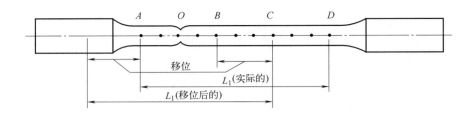

(a) 所余格数为偶数

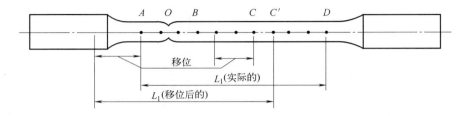

(b) 所余格数为奇数

图 3-4 断后标距测量方法（移位法）

2）断面收缩率 φ 按下式计算：

$$\varphi = \frac{A_0 - A_1}{A_0} \times 100\%$$

式中，A_1 为试件拉断后，颈缩处最小截面积，mm^2。

（2）铸铁

铸铁拉伸图如图 3-5 所示。它是一条接近直线的曲线，且无下降趋势。一旦达到最大载荷 F_b，试件就突然断裂，且断裂后残余变形甚小。鉴于上述特点，可见其不具备 σ_s，且测量 δ 和 φ 也无实际意义，故只需测其最大载荷 F_b，则

$$\sigma_b = \frac{F_b}{A_0}$$

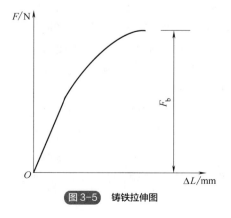

图 3-5 铸铁拉伸图

3.1.4 实验步骤及注意事项

将材料加工成试件。试件加工须按《金属材料 拉伸试验 第 1 部分：室温试验方法》（GB/T 228.1—2021）的有关要求进行。试件有比例和非比例两种。通常情况下取

$$L_0=10d_0$$

式中，L_0 为试件原始标距；d_0 为试件原始直径，多数情况下取 $d_0=10$mm。试件两端被夹持部分的形状和尺寸可根据试验机夹头形式而定。本实验采用试件如图 3-6 所示。

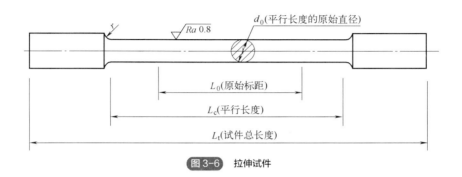

图 3-6 拉伸试件

（1）实验步骤

试件准备：用游标卡尺在标距两端和中间部位，分别沿互相垂直的两个方向各测量一次直径，并计算这三处的平均值，取其最小值作为试件直径 d_0，以此直径计算出试件的横截面面积 A_0。

用画线器在低碳钢试件上画出标距线，长 $L_0=10d_0$。铸铁试件不需画线。

试验机准备：根据有关资料查得材料大致的强度极限 σ_b，并由测得的试件横截面面积 A_0，估算出实验所需的最大载荷 F_b，选择恰当的测力表盘刻度挡，并配以相应的摆锤。开动试验机提升工作平台后停机，调整测力指针，使其对准零点，调整好绘图装置（由实验人员预先调试好）。

安装试件：先将试件装夹在上夹头中，开动下夹头电动机使下夹头移到合适位置，装夹下夹头。缓慢加载，观察测力指针转动的情况以检查试件是否已夹牢，如有打滑则需重夹。

进行实验：开动试验机，缓慢转动送油阀，使试件缓慢均匀地加载，随时观察测力指针与绘图笔的移动情况。对低碳钢试件，当测力指针不动或倒退时，说明材料开始屈服，记录下指针倒退的最小值，即是屈服载荷 $F_{s下}$。过了屈服阶段，仔细观察可发现光滑试件的表面出现与轴线成 45° 夹角的滑移线。当测力指针再次出现停滞不前、倒退现象时，可以观察到试件产生局部变形的颈缩现象。随之，测力指针迅速倒退，试件很快断裂。关闭电动机阀门，由从动指针读取最大载荷 F_b，取下试件，观察断口。对于铸铁试件，在装夹后直接拉断即可，只需记下最大载荷 F_b、绘出拉伸图并观察断口。

低碳钢延伸率和断面收缩率的测定：为了测定低碳钢延伸率，先将断裂试件的两端对齐并尽量靠紧，测量拉断后的标距 L_1；为了测定低碳钢的断面收缩率，在两断口（颈缩）处沿两个互相垂直方向各测量一次直径（取其平均值为 d_1），用来计算断口处截面面积 A_1。

实验完毕后，将试验机、量具复原并清理现场。

（2）注意事项

① 调整测力指针零位时，一定要开机送油，使活动平台上升 1cm 左右；

② 试件装夹必须正确，防止偏斜和夹入部分过短的现象；

③ 试件夹紧后，切忌使用下夹头电机开关；

④ 加载要均匀、缓慢；

⑤ 读测力度盘显示值时，测力指针所指的刻度必须与所挂摆锤相对应。

3.1.5　实验结果的处理

完成表 3-1～表 3-4。

表 3-1　机器、量程与量具

机器名称及型号				
使用量程		精度		
量具名称		精度		

表 3-2　实验数据（一）

材料	标距 L_0 /mm	直径 d_0/mm									最小横截面面积 A_0/mm²
		横截面 I			横截面 II			横截面 III			
		（1）	（2）	平均	（1）	（2）	平均	（1）	（2）	平均	
低碳钢											
铸铁	—										

表 3-3　实验数据（二）

材料	屈服载荷 $F_{s下}$/N	最大载荷 F_b/N
低碳钢		
铸铁	—	

表 3-4　实验数据（三）

低碳钢断后标距长度 L_1/mm	断口（颈缩）处直径 d_1/mm						断口处平均截面面积 A_1/mm²
	左边			右边			
	（1）	（2）	平均	（1）	（2）	平均	

（1）低碳钢试件

根据测得的屈服载荷 $F_{s下}$ 和最大载荷 F_b 计算屈服极限 σ_s 和强度极限 σ_b：

$$\sigma_s = \frac{F_s}{A_0} = \qquad = \qquad \text{MPa}$$

$$\sigma_b = \frac{F_b}{A_0} = \qquad = \qquad \text{MPa}$$

根据拉伸后的试件标距长度和横截面面积，计算出低碳钢的延伸率 δ 和断面收缩率 φ：

$$\delta_{10} = \frac{L_1 - L_0}{L_0} \times 100\% = \qquad = \qquad \%$$

$$\varphi = \frac{A_0 - A_1}{A_0} \times 100\% = \qquad = \qquad \%$$

（2）铸铁试件

根据测得的最大载荷 F_b 计算强度极限 σ_b：

$$\sigma_b = \frac{F_b}{A_0} = \qquad = \qquad \text{MPa}$$

 思考题

① 结合拉伸图曲线，分析试件加载到断裂的过程可分为哪几个阶段？每一个阶段的特点和物理意义是什么？

② 低碳钢拉伸时，材料相同、直径相同的长试件和短试件，其延伸率 δ 是否相同？为什么？

③ 测定金属材料的力学性能为什么要用标准试件？

④ 在低碳钢拉伸时，在什么情况下会采用断口移中的办法？

3.2　拉伸时金属材料弹性模量 *E* 的测定

3.2.1　实验目的

① 在比例极限内，验证胡克定律，并测定钢材的弹性模量 *E*。

② 了解球铰式引伸仪的原理及使用方法。

3.2.2　实验仪器和设备

① 试件：低碳钢标准试件。

② 仪器：QY-1 型球铰式引伸仪、游标卡尺。

③ 设备：CEG-4K 型测 *E* 试验台。

3.2.3　实验原理

（1）安装圆形截面试件时的测 *E* 实验

测定钢材的弹性模量 *E* 通常采用拉伸试验。由低碳钢拉伸的 F-ΔL 图可以看到，在比例极限内，载荷 F 与伸长变形 ΔL 之间符合胡克定律，其关系为

$$\Delta L = \frac{FL_0}{EA_0}$$

由此可得

$$E = \frac{FL_0}{(\Delta L)A_0}$$

为了验证胡克定律，实验一般采用增量法。所谓增量法，就是把要加的最终载荷分成若干等份，逐级加载来测量试件的变形，即从初载荷 F_0 起，分几次逐级等量加载直至最终载荷 $F_{\max}$。在比例极限内，如果每一级相等的载荷增量为 ΔF，则每增加一级载荷增量 ΔF，从引伸仪上测读出的相应伸长变形增量 ΔL 也应大致相等。

（2）安装板状试件时的测 E、μ 实验

安装板状试件时的测 E、μ 实验，其基本原理与安装圆形截面试件时的测 E 实验相似。所不同的是用电测的方法测出试件的轴向应变 ε 和横向应变 ε_1。

弹性模量 E 的计算公式为

$$E = \frac{\sigma}{\varepsilon}$$

泊松比 μ 的计算公式为

$$\mu = -\frac{\varepsilon_1}{\varepsilon}$$

3.2.4　实验步骤及注意事项

（1）安装圆形截面试件时的测 E 实验

① 试件准备及尺寸测量：将低碳钢比例试件在标距范围的中间及两端处，每处两个互相垂直的方向上各测量直径一次，取其平均值作为该处直径。用所测得的三个平均值计算试件的横截面面积 A_0。

② 安装球铰式引伸仪：在试件上安装球铰式引伸仪。安装方法如下：

用左手握住球铰式引伸仪（大拇指压在上标距叉的上面，中指和无名指勾住下标距叉的下面），使小轴的弯曲尾部指向上标距叉，再将整个引伸仪从标距叉的缺口卡入并套在试件上，使上、下标距叉的定位弹簧和左侧顶尖螺钉的尖顶恰好和试件表面接触。然后旋转右侧的两颗顶尖螺钉至恰好和试件接触，再分别轮流拧紧螺钉，使顶尖螺钉嵌入试件表面 0.05～0.1mm（螺钉大约旋转 1/10～1/5 转），至此便可松手，仪器便安装在试件上了。小轴旋转 180°，其弯曲尾部指向下标距叉，使表座与下标距叉之间有一间隙。把千分表安装在表夹中，使千分表压缩到短针在 0.4～0.6mm 范围内，然后拧紧表夹螺钉，并使长针对零。仪器安装完毕。千分表调零。

③ 进行实验：按加载方案，每增加一级载荷，分别记录一次球铰式引伸仪上千分表的读数。请注意，读数时读千分表表盘刻度的内圈。

④ 结束工作：实验完成后，卸下球铰式引伸仪；把球铰式引伸仪、试验台复原。

注意事项：使用测 E 试验台加砝码时，要缓慢放手，以实现"静载"，并防止动荷超载；施加载荷时，要特别注意控制终载荷，切勿超载，以防应力超过比例极限；卸下砝码时，尽量放置在远离试验台的桌面上，以免砝码压低桌面，影响实验数据。

（2）安装板状试件时的测 *E*、*μ* 实验

① 粘贴应变片。大致在试件长度方向的中部，在两面的轴线方向各贴一片轴向应变片，在两面的垂直于轴线方向各贴一片横向应变片，如图 3-7 所示。接好导线。

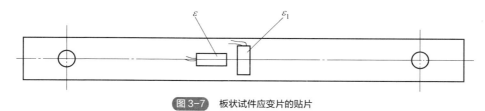

图 3-7　板状试件应变片的贴片

② 安装板状试件。将贴好片、接好线的板状试件安装好。为了减小偏心拉伸，两贴片面的对称面要与试验台的纵向对称面基本重合。

③ 将四片应变片按单臂半桥的方式与应变仪连接。

④ 调节试验台的吊杆螺母，使杠杆尾端上翘一些，使之与满载时关于水平位置大致对称。注意：调节前，必须使两垫刀刃对正 V 形槽沟底，否则垫刀将由于受力不均而被压裂。

⑤ 挂上砝码托，在应变仪上设好灵敏系数，调平应变仪。

⑥ 加载、读应变值。加上初载砝码，记下各点的应变初读数；再分四次加等重砝码，每加一次记一次各点的应变读数。注意：加砝码时要缓慢放手，以使之为静载，并注意防止掉落而砸伤人、物。

加载过程中，要注意检查传力机构的零件是否受到干扰，若受干扰，需卸载调整。

3.2.5　实验结果的处理

完成表 3-5～表 3-8。

表 3-5　仪器参数

仪器名称及型号			
标距 L_0		放大倍数 K	
量具名称		精度	

表 3-6　直径与横截面面积

直径 d/mm				横截面面积 A_0/mm²
横截面 I	横截面 II	横截面 III	平均	

表 3-7　加载方案

加载方案			
试件材料	Q235 钢	载荷增量 ΔF/N	
初载荷 F_0/N		截面面积 A_0/mm²	
最终载荷 F_{max}/N		加载级数 n	

表 3-8　读数

载荷 F/N	一次		二次	
	读数 N_i	读数差 ΔN_i	读数 N_i	读数差 ΔN_i
$F_0=$				
$F_1=$				
$F_2=$				
$F_3=$				
$F_4=$				
读数差平均值	$\Delta N_{均1}=$		$\Delta N_{均2}=$	

$\Delta N = \dfrac{\Delta N_{均1} + \Delta N_{均2}}{2} =$

计算结果：$E_{实} = \dfrac{\Delta F L_0 K}{A_0 \Delta N} =$ 　　　　　＝　　　　　GPa

（1）安装圆形截面试件时的测 E 实验

由

$$\Delta L = \frac{FL_0}{EA_0}$$

得

$$E = \frac{FL_0}{\Delta L A_0}$$

因为采用增量法，各级伸长增量：

$$(\Delta L)_i = \frac{\Delta N_i}{K}$$

式中，下标 i 为加载级数（$i=1,2,\cdots,n$）；ΔN_i 为每级引伸仪读数的增加量；K 为引伸仪的放大倍数。

又由于

$$\Delta L_{均} = \frac{1}{n}\sum_{i=1}^{n} \Delta L_i = \frac{1}{n}\sum_{i=1}^{n} \frac{\Delta N_i}{K} = \frac{1}{K}\Delta N_{均}$$

所以有

$$E_{实} = \frac{\Delta F L_0 K}{\Delta N_{均} A_0}$$

这就是用增量法测弹性模量 E 的计算公式。

（2）安装板状试件时的测 E、μ 实验

设 b 为板状试件的宽度，δ 为板状试件的厚度，则试件横截面积：$A_0 = b\delta$；

应力增量：$\Delta \sigma = \Delta F / A_0$；

两面轴向应变增量的平均值：$\Delta \varepsilon_{平均}$；

两面横向应变增量的平均值：$\Delta \varepsilon_{1平均}$；

材料的弹性模量：$E = \Delta \sigma / \Delta \varepsilon_{平均}$；

材料的泊松比：$\mu = -\Delta \varepsilon_{1平均} / \Delta \varepsilon_{平均}$。

思考题

① 以载荷 F 为纵坐标，伸长变形 ΔL 为横坐标，作 $F\text{-}\Delta L$ 图，并说明 F 与 ΔL 的关系。

② 测 E 时，为什么要加初载荷 F_0 并限制最终载荷 $F_{\max}$？采用分级加载的目的是什么？

③ 试件的截面形状和尺寸对测定弹性模量有无影响？

3.3 压缩实验

3.3.1 实验目的

① 测定压缩时低碳钢的屈服极限 σ_s 和铸铁的强度极限 σ_b。

② 观察低碳钢和铸铁压缩时的变形破坏现象，并进行比较。

3.3.2 实验仪器和设备

① 试件：低碳钢及铸铁。

② 量具：游标卡尺。

③ 设备：万能材料试验机。

3.3.3 实验原理

低碳钢和铸铁等金属材料的压缩试件一般制成圆柱形。当试件受压时，其上下两端面与试验机支承垫之间产生很大的摩擦力，使试件两端的横向变形受到阻碍，故压缩后试件呈鼓形。摩擦力的存在会影响试件的抗压能力。影响程度与试件尺寸 h_0 / d_0 有关，其中，h_0 为试件高度，d_0 为试件直径。例如，这一比值愈大，铸铁的强度极限愈小。由此可见，压缩实验是有条件的。在相同条件下，才能对不同材料的压缩性能进行比较。对金属材料压缩试件，一般规定 $1 \leqslant h_0 / d_0 \leqslant 3$。为了尽量减小摩擦力的影响，实验时在试件两端面涂以润滑剂。此外，试件两端面必须保证平行，尽可能使试件放于两压头中心处并与轴线垂直，使试件受轴向压力。另外，端面加工后应有较高的光洁度。

低碳钢一类的塑性材料，压缩图如图 3-8 所示，超过屈服极限之后，试件由原来的圆柱形逐渐被压成鼓形，变形较大而不破裂，因此愈压愈扁，如图 3-9 所示。横截面增大时，其实际外力不随外载荷增加而增加，故不可能达到破坏载荷 F_b，也不能得到强度极限 σ_b，低碳钢的压缩曲线也可证明这一点。塑性材料压缩时也发生屈服，但并不像拉伸时那样有明显屈服阶段。因此，在测定 F_s 时要特别小心观察。在缓慢均匀加载下，测力指针等速转动，当材料发生屈服时，测力指针转动将减慢，这时对应的载荷即屈服载荷 F_s。

铸铁在拉伸时属于塑性很差的一种脆性材料，但在受压时，试件在达到最大载荷 F_b 前将会产生较大的塑性变形，最后被压成鼓形而断裂。铸铁的压缩图如图 3-10 所示，试件的断裂有两个特点：一是断口为斜断口，如图 3-11 所示；二是按 F_b/A_0 求得的 σ_b 远比拉伸时高，大致是拉伸时的 3～4 倍。这主要与材料本身情况（内因）和受力状态（外因）有关。

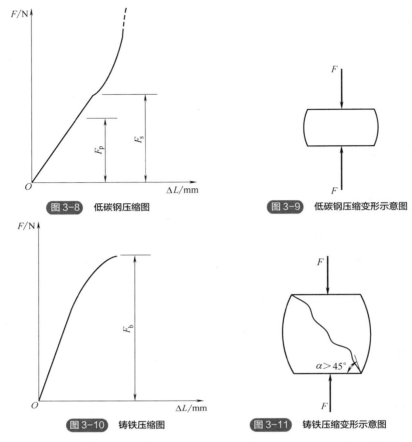

图 3-8   低碳钢压缩图

图 3-9   低碳钢压缩变形示意图

图 3-10   铸铁压缩图

图 3-11   铸铁压缩变形示意图

铸铁压缩时沿斜截面断裂，其主要原因是剪应力。观察铸铁受压试件斜断口倾角 α，则可发现它略大于 45° 而不是对应最大剪应力所在截面，这是由试件两端存在的摩擦力造成的。

3.3.4   实验步骤及注意事项

将材料加工成压缩试件，试件加工须按《金属材料　室温压缩试验方法》（GB/T 7314—2017）的有关要求进行。试件为圆柱形，取试件长度 $L=(1.5\sim2.5)d_0$。本实验取试件尺寸 $\phi10\times15$（单位为 mm）。试件加工的技术要求如图 3-12 所示。

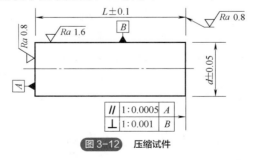

图 3-12   压缩试件

（1）实验步骤

用游标卡尺测量试件中部及两端截面的直径，沿两个互相垂直的方向各测一次并取其平均值，取三处中最小一处的平均值来计算截面面积 A_0。测量试件高度 h。

估算低碳钢屈服载荷的大小和铸铁破坏极限的大小，选择测力度盘，调整指针对准零点，并调整好自动绘图仪。

将试件两端面涂上润滑剂，尽量准确地放在试验机下承压座的中心处。开机，让活动平台上升，当试件接近上承压座时，减慢上升速度，以避免急剧加载。

缓慢均匀地加载，注意观察测力指针的转动情况。低碳钢试件应及时准确地确定屈服载荷，并记录，超过屈服载荷后继续加载，当试件发生显著变形（压成鼓形）后即可停机；铸铁试件不测屈服极限而测强度极限，此外，要在试件周围加防护罩，以免试件断裂时飞出伤人。

（2）注意事项

为使试件轴向受压，应尽量把试件放在上、下承压座的中心线上。为避免试验机受损，活动平台不要上升得过高。

加载要缓慢、均匀，特别是当试件即将与上承压座接触时，活动平台上升的速度一定要减慢，做到自然、平稳地接触。否则，容易发生突然加载或超载，使实验失败。

为保护试验机不受损伤，低碳钢试件压过屈服后的最大载荷不得超过所用测力度的80%。

在铸铁压缩实验之前，必须用防护罩把试件围起来；进行实验时，不要靠近试件观看，以防试件破坏时有碎屑飞出伤人。试件压坏后，应及时卸载，以免压碎。

3.3.5　实验结果的处理

完成表 3-9、表 3-10。

表 3-9　机器、量程与量具

机器名称及型号			
使用量程		精度	
量具名称		精度	

表 3-10　实验数据

试件材料	试件直径 d/mm	试件高度 h/mm	截面面积 A_0/mm²	屈服载荷 F_s/N	最大载荷 F_b/N	屈服极限 σ_s/MPa	强度极限 σ_b/MPa
低碳钢							—
铸铁				—		—	

根据实验记录，计算两种材料压缩时的力学性能指标：

低碳钢的屈服极限：$\sigma_s = F_s / A_0$；

铸铁的强度极限：$\sigma_b = F_b / A_0$。

 思考题

① 压缩试件为什么要加工成短圆柱形？试件高度对实验结果有什么影响？

② 低碳钢试件和铸铁试件，主要是由哪些应力造成破坏？破坏面有哪些特点？

③ 拉伸和压缩时，低碳钢的屈服极限是否相同？

④ 拉伸和压缩时，铸铁的强度极限是否相同？

3.4 圆柱扭转实验

3.4.1 实验目的

① 测定低碳钢的剪切屈服极限 τ_s 及剪切强度极限 τ_b。

② 测定铸铁的剪切强度极限 τ_b。

③ 观察并比较低碳钢及铸铁试件扭转破坏的情况。

3.4.2 实验仪器和设备

① 量具：游标卡尺。

② 设备：扭转试验机。

3.4.3 实验原理

低碳钢试件在受扭时，由试验机自动绘图器绘出的扭矩-扭转角（M_n-φ）曲线如图 3-13 所示。图中点 A、S、B 分别表示低碳钢扭转的比例极限、下屈服点、最大扭矩。

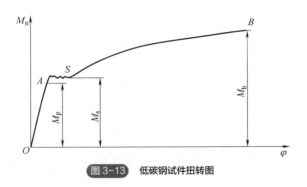

图 3-13 低碳钢试件扭转图

由 M_n-φ 曲线可见，低碳钢扭转时，在开始的直线段内（OA 段），扭矩 M_n 与扭转角 φ 之间成正比关系。在此段内，试件横截面上的剪应力成线性分布，边缘处最大剪应力 $\tau_0=16M_n/(\pi d^3)$，其中 d 为试件横截面直径，剪应力在圆心处为零，见图 3-14（a）。当 τ_0 达到剪切屈服应力 τ_s 时，试件内部的剪应力小于 τ_s。

由 M_n-φ 曲线可见，低碳钢扭转时，有明显的屈服阶段。继续增加扭矩，横截面上的剪应力将从圆周向圆心逐渐增大到 τ_s，试件横截面上剪应力的分布不再是线性的，如图 3-14（b）所示，即在试件外部区域，材料发生屈服形成环形塑性区。随着扭转变形的增加，塑性区不断向圆心扩展，直至剪应力分布如图 3-14（c）所示时为止，即全面屈服。随着塑性区自横截面边缘逐步向圆心扩展，扭矩度盘上的指针出现摆动，指针摆动的最小值即为屈服扭矩 M_s。

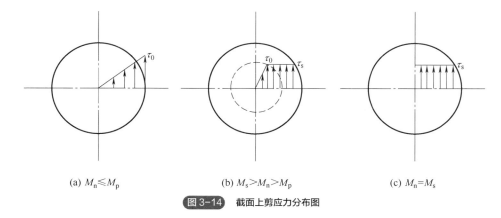

(a) $M_n \leqslant M_p$　　　　　(b) $M_s > M_n > M_p$　　　　　(c) $M_n = M_s$

图 3-14　截面上剪应力分布图

由 $M_n\text{-}\varphi$ 曲线可见，低碳钢扭转时，强化阶段占了整个 $M_n\text{-}\varphi$ 的绝大部分。经过屈服阶段后，扭矩不断增加，试件继续变形，材料进一步强化，直到 B 点，试件断裂为止。由扭矩度盘读出相应于 B 点的扭矩值，即为最大扭矩 M_b。

铸铁受扭时，其 $M_n\text{-}\varphi$ 曲线如图 3-15 所示。从开始受扭直至破坏，其 $M_n\text{-}\varphi$ 曲线都是非线性的。试件断裂时的扭矩值就是最大扭矩 M_b。

试件受扭，材料处于纯剪切应力状态，在垂直于轴和平行于轴的各平面上作用着剪应力，而与轴成 45° 角的螺旋面上，则分别只作用着 $\sigma_1 = \tau$、$\sigma_3 = -\tau$ 的正应力，如图 3-16 所示。由于低碳钢的抗拉能力高于抗剪能力，故试件沿横截面剪断，破坏面如图 3-17 所示。铸铁的抗拉能力低于抗剪能力，故试件从表面上某一最弱处，沿与轴线成 45° 方向拉断成一螺旋面，破坏面如图 3-18 所示。

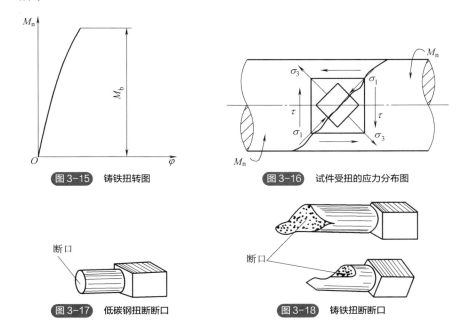

图 3-15　铸铁扭转图

图 3-16　试件受扭的应力分布图

图 3-17　低碳钢扭断断口

图 3-18　铸铁扭断断口

3.4.4　实验步骤及注意事项

将材料加工成试件。试件加工须按《金属材料　拉伸试验　第 1 部分：室温试验方法》

（GB/T 228.1—2021）的有关要求进行。扭转试件如图 3-19 所示。

（1）实验步骤

① 试件尺寸测量：用游标卡尺测量试件直径（同拉伸实验），并测量试件等截面部分的长度 L'，以便计算试件的单位扭转角 θ。

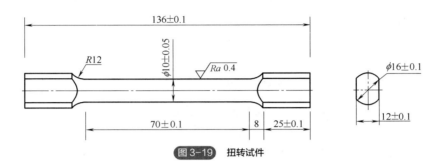

图 3-19 扭转试件

② 调整测力指针指零：NJ-100B 扭转试验机，直接通过调零旋钮调零；JNSG-144 型教学用扭转试验机，直接用手将主动、被动指针拨到零位；JSNS-150 型教学用数显扭转试验机，按"清零"按钮和"复位"按钮清零。

③ 装夹试件：NJ-100B 型扭转试验机，先把试件一端放入夹头 6（图 2-10）中。调整加载机构做水平移动，通过转动夹头 4，调整夹头和试件的平头位置。使试件另一端插入夹头 4 中后再予以夹紧，先紧夹头 6，再紧夹头 4。

JNSG-144 型教学用扭转试验机、JSNS-150 型教学用数显扭转试验机是在右夹头的方槽开口与左夹头的方槽开口完全对齐后，打开夹头封板，将扭转试件的两端分别放入右夹头的方槽开口与左夹头的方槽开口里，关上夹头封板，扭紧夹头封板固定螺钉，完成扭转试件的装夹。然后在试件表面上沿轴线方向用粉笔画一直线标记，以便观察试件扭转时的变形情况。

④ 自动绘图器准备：在绘图滚筒和笔夹上装纸和笔，并使之处于工作状态。

⑤ 进行实验：缓慢加载，对于低碳钢试件，当测力度盘上指针停止不动时所指的刻度值或摆动（倒退）的最低刻度值即为屈服扭矩 M_s。当试件达到屈服扭矩 M_s 之后，可以增快加载速度，使试件断裂，记下总扭转角 φ，由随动指针读出最大扭矩 M_b。对于铸铁试件，只记录总扭转角 φ 和最大扭矩 M_b。

⑥ 实验完毕，停车，取下试件，将机器复原并清理现场。

（2）注意事项

① 机器运转时，操作者不得擅自离开。听见异响或发生任何故障时，应立刻停车。

② 实验过程中，不得触动摆锤。

③ 试件要夹紧，以免开车后打滑。夹试件时，应先夹固定夹头，再夹活动夹头，否则会产生初扭矩。

④ NJ-100B 型扭转试验机施加力矩后，禁止再转动量程选择旋钮，低碳钢试件屈服前、铸铁试件加载时，宜将调速电位器置于小挡。

3.4.5 实验结果的处理

完成表 3-11、表 3-12。

表 3-11 机器、量程与量具

机器名称及型号				
使用量程		精度		
量具名称		精度		

表 3-12 实验数据

		直径 d_0/mm			抗扭截面模量 W_n/mm³	屈服扭矩 M_s/(N·mm)	最大扭矩 M_b/(N·mm)
		截面Ⅰ	截面Ⅱ	截面Ⅲ			
低碳钢	1						
	2						
	平均						
		直径 d_0/mm			抗扭截面模量 W_n/mm³	屈服扭矩 M_s/(N·mm)	最大扭矩 M_b/(N·mm)
		截面Ⅰ	截面Ⅱ	截面Ⅲ			
铸铁	1						
	2					—	
	平均						

注：$W_n = \pi d_0^3 / 16$，是试件抗扭截面模量。

（1）低碳钢试件

低碳钢的剪切屈服极限及强度极限：

$$\tau_b = \frac{3}{4} \times \frac{M_b}{W_n} = \qquad\qquad = \qquad\quad \text{MPa}$$

注：此式是假定截面上各点的应力都达到屈服极限 τ_s 而得出的。低碳钢试件的剪应力分布具有明显的不均匀性，通过实验数据的拟合和分析得到修正系数 3/4。

$$\tau_s = \frac{3}{4} \times \frac{M_s}{W_n} = \qquad\qquad = \qquad\quad \text{MPa}$$

（2）铸铁试件

铸铁的剪切强度极限：由于铸铁可以近似看作直至断裂所发生变形仍为弹性变形，故

$$\tau_b = \frac{M_b}{W_n} = \qquad\qquad = \qquad\quad \text{MPa}$$

 思考题

① 低碳钢试件扭转变形要经历哪几个阶段？

② 用一支粉笔来模拟扭转破坏，它的断口形状会是什么样的？

③ 比较低碳钢、铸铁试件进行拉伸、压缩和扭转的实验结果，从进入塑性变形到破坏的全过程中，两者有哪些不同？综合分析和比较不同材料的承载能力和破坏特点。

3.5 剪切弹性模量 G 的测定

3.5.1 实验目的

① 测定低碳钢材料的剪切弹性模量 G。

② 验证材料受扭时在比例极限内的胡克定律。

3.5.2 实验仪器和设备

① 试件：低碳钢试件。

② 量具：游标卡尺。

③ 设备：NY-4 型扭转测 G 仪。

3.5.3 实验原理

已知试件材料的 $E=210\text{GPa}$，$\mu=0.26$，则剪切弹性模量的理论值为

$$G_{理} = \frac{E}{2(1+\mu)}$$

下面介绍剪切弹性模量实际值的计算方法。

机械式扭角仪的原理是将试件某截面圆周绕其形心旋转的弧长与其另一截面圆周绕其形心旋转的弧长之差进行放大后再测读。

当圆形截面试件受扭时，在材料的剪切比例极限内，扭转角的计算公式为

$$\varphi = \frac{M_n L_0}{G I_p}$$

式中，M_n 为试件横截面上所承受的扭矩，N·mm；L_0 为试件标距，mm；φ 为在扭矩作用下，相距为 L_0 的两截面间的相对扭转角，rad；I_p 为圆形截面的极惯性矩，mm^4。I_p 计算公式为

$$I_p = \frac{\pi d_0^4}{32}$$

式中，d_0 为试件横截面直径。

在实验中，试件的标距 L_0 及极惯性矩 I_p 是已知的。因此，只要测得扭矩 M_n 及相应的扭转角 φ，就可计算剪切弹性模量，即

$$G = \frac{M_n L_0}{\varphi I_p}$$

如图 3-20 所示，仪器两伸出端因在试件上位置不同而在载荷 P 作用下形成夹角，即为扭转

角，扭转角 φ 等于弧长 $\overset{\frown}{AB}$ 与半径 b 的比值，而在小变形的情况下，弧长 $\overset{\frown}{AB}$ 近似等于 δ，即

$$\varphi = \frac{\delta}{b}$$

式中，b 为测力臂长度，mm；δ 为百分表触头的位移增量，mm。

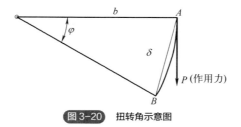

图 3-20　扭转角示意图

实验采用增量法。扭矩分级等量增加 ΔM_n，同时读出相应于每一级扭矩增量所产生的百分表读数 ΔN。由于百分表的放大倍数 $K=100$，故 $\delta = \Delta N/K$，则

$$\Delta \varphi_i = \frac{\Delta \delta_i}{b}$$

若扭矩 $\Delta M_{\mathrm{n}i}$ 等量增加，相应的扭转角 $\Delta \varphi_i$ 亦等量增加，胡克定律也得到了验证，同时表明实验进行正常，由

$$\Delta \varphi_{均} = \frac{\sum_{i=1}^{n} \Delta \delta_i}{bn} = \frac{\Delta \delta_{均}}{b}$$

得出

$$G_{实} = \frac{\Delta M_\mathrm{n} L_0}{\Delta \varphi_{均} I_\mathrm{p}}$$

3.5.4　实验步骤及注意事项

（1）实验步骤

① 测量试件直径 d_0：在试件的标距内，用游标卡尺测量中间和两端三处直径，每处取互相垂直的两个方向测量，取平均值用于计算截面极惯性矩 I_p。

② 将百分表插入表夹中，使百分表长针对零，然后拧紧表夹螺钉。

③ 挂上砝码托，读出百分表初读数，逐级加上砝码，每次加 5N，力臂长 $a=200$mm，相应的 $\Delta M_\mathrm{n}=1$N·m。每加一次后，读出百分表上显示的刻度值，直至砝码加至 20N（相应的 $M=4.26$N·m）为止。测量完毕后，小心卸下砝码。

（2）注意事项

① 百分表调零时，转动表盘使长针对零；

② 加放砝码时要缓慢、平稳，避免冲击；

③ 每次加完砝码，待砝码盘稳定后再读数；

④ 最多加 4 个砝码，即 $(M_n)_{max}$=4.26N·m，不得超载。

3.5.5 实验结果的处理

完成表 3-13～表 3-15。

表 3-13 仪器参数

仪器名称及型号			
精度		放大倍数 K	
量具名称		精度	

表 3-14 实验参数

试件直径 d/mm	μ	试件材料	试件标距 L_0/mm	极惯性矩 I_p/mm⁴	测力臂长 b/mm	E/GPa

表 3-15 读数

载荷 M_i/(N·m)	第一次		第二次	
	百分表读数 N_i	读数差 ΔN_i	百分表读数 N_i	读数差 ΔN_i
$M_0=$				
$M_1=$				
$M_2=$				
$M_3=$				
$M_4=$				
平均值 $\Delta\delta_{均}$	$\Delta\delta_{均}=\Delta N_{均}/100=$		$\Delta\delta_{均}=\Delta N_{均}/100=$	

取表 3-14 中两组数据中较好的一组代入以下公式计算。

$$\Delta\varphi_{均}=\frac{\Delta\delta_{均}}{b}=$$

$$G_{实}=\frac{\Delta M_n L_0}{\Delta\varphi_{均}I_p}= \qquad = \qquad \text{GPa}$$

$$G_{理}=\frac{E}{2(1+\mu)}= \qquad = \qquad \text{GPa}$$

误差： $$\eta=\frac{|G_{理}-G_{实}|}{G_{理}}\times100\%= \qquad = \qquad \%$$

 思考题

① 实验所测变形和扭转角之间是怎么进行转换的？

② 实验中怎么保证标距的准确性？

③ 影响实验结果合理性的因素有哪些？

3.6　弯曲实验

3.6.1　实验目的

① 了解电测法的基本原理，练习静态电阻应变仪的操作。

② 用电测法测定梁纯弯曲时横截面上正应力的大小及其分布规律，并与理论值进行比较，以验证弯曲正应力分布。

3.6.2　实验仪器和设备

① 装置：45 钢纯弯曲梁。

② 仪器：YJ-25 型静态电阻应变仪。

③ 设备：WSG-80 型纯弯曲正应力试验台。

3.6.3　电测法基本原理

电测法是近代发展起来的应用较广的一种实验应力分析方法，它的基本原理是：将机械量的变化转换成电量的变化；然后把测得的电量改变量再反转成欲测定的机械量。这种方法常称为非电量的电测法。在构件应力分析的各种实验方法中，由于电测法具有灵敏度高，可进行遥控、动态测量等许多优点，所以在现场实测和实验室研究中得到了广泛的应用。

实现机械量到电量的转变，要通过转换元件——电阻应变片，应变片结构如图 3-21 所示。将应变片用特殊的胶水粘贴在被测构件上，由于粘贴得非常牢固，因而认为应变片与被测处产生同样的应变。应变片中的敏感栅在伸长（或缩短）时，其电阻值会相应地发生变化，因此应变片将构件应变转换为电阻值的变化。在一定范围内，其电阻相对变化量 $\Delta R / R$ 与试件长度相对变化量 $\Delta l / l$ 成线性关系，即

$$\frac{\Delta R}{R} = K \times \frac{\Delta l}{l} = K\varepsilon$$

式中，K 为电阻应变片的灵敏系数。

由上式可知，为了测得应变 ε，只须求出 ΔR 即可，而将测得的 ΔR 转换成 ε 就要通过测试仪器——电阻应变仪来实现。应变仪在设计时采用电压桥。图 3-22 所示为一个惠斯通电桥，所谓电桥的平衡，即桥的输出电压 $U_{BD}=0$。电桥的平衡条件为 $R_1R_3=R_2R_4$，证明如下：

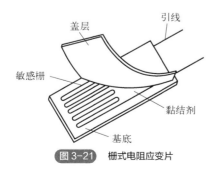

图 3-21　栅式电阻应变片

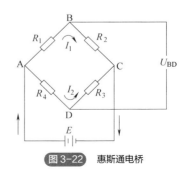

图 3-22　惠斯通电桥

由电工原理可知，电流 I_1 和 I_2 为

$$I_1 = \frac{E}{R_1 + R_2}$$

$$I_2 = \frac{E}{R_3 + R_4}$$

BD 端的输出电压为

$$U_{BD} = U_{BA} - U_{DA} = I_1 R_1 - I_2 R_4$$

$$= \left(\frac{R_1}{R_1 + R_2} - \frac{R_4}{R_3 + R_4} \right) \times E \tag{3-1}$$

$$= \frac{R_1 R_3 - R_2 R_4}{(R_1 + R_2)(R_3 + R_4)} \times E$$

因为电桥平衡，$U_{BD}=0$，所以 $R_1R_3=R_2R_4$。

然而，要求四个桥臂电阻的阻值绝对相等，事实上是不可能的。所以，仅靠四个桥臂电阻构成的电桥，是难以实现电桥的平衡的，必须设置辅助平衡的电桥。如图 3-23 所示，在 AB、BC 两桥臂间并联一个多圈电位器 W，调节该电位器，可使这两个桥臂的阻值有一定范围的连续变化，以找到满足平衡条件的触点。

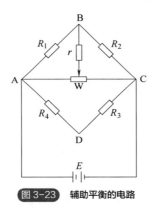

图 3-23　辅助平衡的电路

现假定四个桥臂电阻都是外接的应变片（即全桥连接），并且已经调至初始平衡状态。当其产生应变后，电桥将失去平衡。各桥臂的应变片分别产生了 ΔR_1、ΔR_2、ΔR_3、ΔR_4 的电阻增量，将其代入式（3-1）整理化简后，得

$$U_{BD} = \frac{E}{4} \left[\frac{\Delta R_1}{R_1} - \frac{\Delta R_2}{R_2} + \frac{\Delta R_3}{R_3} - \frac{\Delta R_4}{R_4} \right] \tag{3-2}$$

由前面的推断知

$$\frac{\Delta R}{R} = K\varepsilon$$

因此式（3-2）可变形为

$$U_{BD} = \frac{EK}{4} (\varepsilon_1 - \varepsilon_2 + \varepsilon_3 - \varepsilon_4)$$

这表明：电桥输出电压 U_{BD} 与各桥臂应变片的应变代数和成线性关系。这一关系是电桥电路测量应变的理论基础。

在测量中，常将四个桥臂中的一个桥臂，例如 R_1 的应变片贴在试件上，叫作"测量片"或"工作片"。随着试件变形，阻值发生改变，由于其余桥臂阻值未变，即 $\varepsilon_1 \neq 0$，$\varepsilon_2 = \varepsilon_3 = \varepsilon_4 = 0$，得

$$U_{\mathrm{BD}} = \frac{E}{4} K \varepsilon_1$$

输出电压 U_{BD} 非常小，必须经放大器输出，经 A/D 转换器后用数码管显示出应变值。

贴有应变片的构件，总是处于有温度变化的环境中。环境温度的变化，将会使构件在不受力的情况下产生"附加应变"。这一现象叫作应变片的"温度效应"。温度效应造成的电阻相对变化是比较大的。严重时，温度每升高 1℃，应变仪上的读数变化达几十微应变。显然，这是虚假的非测应变，必须设法排除。消除温度效应影响的措施，叫作温度补偿。

温度补偿较简单的方法是：将一片规格、材料及灵敏系数与工作片 R_1 完全相同的应变片 R_2（称为温度补偿片）粘贴在被测构件上不受力而离被测点较近的部位。用同一长度、规格的导线，按相同的走向接至应变仪，连成半桥电路，如图 3-24 所示。并使工作片与温度补偿片处于相邻的桥臂。这时，工作片所反映的应变量 ε_1 中，同时含有由力所产生的应变 ε_{N} 和由温度效应产生的应变 ε_{T}，即

$$\varepsilon_1 = \varepsilon_{\mathrm{N}} + \varepsilon_{\mathrm{T}}$$

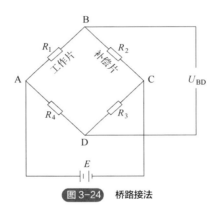

图 3-24　桥路接法

而温度补偿片由于与工作应变片处于相同温度变化的环境中，但不受力，因此只有温度的应变，即 $\varepsilon_2 = \varepsilon_{\mathrm{T}}$。由于采用半桥连接，故 $\varepsilon_3 = \varepsilon_4 = 0$，从测量桥上测得的应变值为

$$\begin{aligned}\varepsilon &= \varepsilon_1 - \varepsilon_2 + \varepsilon_3 - \varepsilon_4 \\ &= (\varepsilon_{\mathrm{N}} + \varepsilon_{\mathrm{T}}) - \varepsilon_{\mathrm{T}} \\ &= \varepsilon_{\mathrm{N}}\end{aligned}$$

于是，由应变仪读出的数值就只是工作片所在的测点处受力的作用所产生的应变，从而自动消除了温度变化对测量结果的影响。

3.6.4　实验原理

已知梁受纯弯曲时的正应力公式为

$$\sigma = \frac{My}{I_z}$$

式中，M 为作用在横截面上的弯矩，N·mm；I_z 为梁横截面对中性轴 z 的惯性矩，mm⁴；y 为中性轴到被测点的距离，mm。I_z 计算公式为

$$I_z = \frac{bh^3}{12}$$

式中，b、h 分别为横截面宽度、高度。

本实验采用 45 钢制成矩形截面梁，如图 3-25 所示，在梁承受纯弯曲段的侧面，沿不同高度画平行线 2-2、1-1、0-0、1'-1' 及 2'-2'。0-0 线位于中性层上，1-1 和 1'-1'、2-2 和 2'-2'，各距 0-0 线等远，其距离分别等于 y_1 和 y_2。这些线段表示梁的纵向纤维，也即应变片的粘贴中线。由于纤维之间不互相挤压，故可根据单向胡克定律求出实验应力：

$$\sigma_{\text{实}} = E\varepsilon_{\text{实}}$$

式中，E 为 45 钢弹性模量（E=208GPa）；$\varepsilon_{\text{实}}$ 为应变仪上的读数。

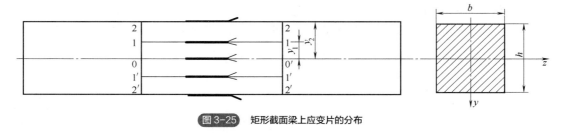

图 3-25　矩形截面梁上应变片的分布

一种简易的纯弯曲正应力实验装置，如图 3-26 所示，该装置采用了砝码和杠杆放大机构对试件加载。每个砝码重 G=10N。砝码托作为初载荷，重 G_0=1.3N。杠杆比为 1∶20，重力经杠杆放大后作用在试件上实现梁的纯弯曲变形。作用于梁的载荷增量即为 ΔF=200N，初载荷 F_0=26N。试件材料为 45 钢，其弹性模量 E=208GPa，横截面高度 h=28mm，宽度 b=10mm。加力梁支点到纯弯曲直梁支点的距离 a=200mm。

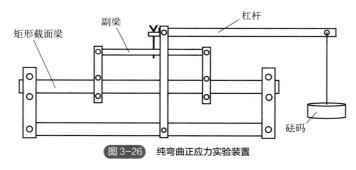

图 3-26　纯弯曲正应力实验装置

本实验采用"增量法"加载，每增加等量的载荷 ΔF=200N，就测定各点相应的应变增量一次，取应变增量的平均值，依次求出各点应力增量 $\Delta\sigma_{\text{实}}$，把 $\Delta\sigma_{\text{实}}$ 与理论公式算出的应力增量 $\Delta\sigma = \frac{y\Delta M}{I_z}$（式中，$\Delta M = \frac{a\Delta F}{2}$）进行比较，从而验证正应力公式的正确性。

3.6.5　实验步骤及注意事项

（1）实验步骤（应变仪以 YJ–25 为例）

① 测量梁矩形截面的宽度 b 和高度 h、加力梁支点到纯弯曲直梁支点的距离 a，并测量各

应变片到中性层的距离 y_i。

② 将工作应变片引出线按序号接在预调平衡箱的接线柱 A、B 上，公共温度补偿片接在接线柱 B、C 上。相应电桥的接线柱 C 需用短接片连接起来，而各接线柱 B 之间不必用短接片连接，因其内部本来就是相通的。

③ 将预调平衡箱和应变仪连接起来，将平衡箱选点开关调在测量点"1"上，用螺丝刀调节相应于"1"点的电位器螺钉，使应变仪显示屏读数为零，这样测量点"1"的电桥处于平衡状态，其他各测点的电桥平衡按上述方法依次调整。

④ 由加载者根据加载方案（F_0=26N，ΔF=200N，F_{max}=826N）加载，每增加一级载荷增量 ΔF 就相应记录一次应变仪读数（1～5 点）。

（2）注意事项

① 应变仪上灵敏度系数调节旋钮一经调整确定，实验过程中不可任意调动；

② 加载之前应将预调平衡箱上对应于所贴应变片的电位器进行预调平衡，旋转电位器螺钉时用力不宜过猛；

③ 加载，卸载应缓慢平稳，不得冲击，最大载荷 F_{max} 不得超过 826N；

④ 应变仪读数时，注意读出正负号；

⑤ 测量过程中不得触动导线，摇动仪器，以免由于电感、电容的变化而影响电桥的平衡。

3.6.6　实验结果的处理

完成表 3-16～表 3-21。

表 3-16　机器、仪器与量具

机器名称及型号			
仪器名称及型号		精度	
量具名称		精度	

表 3-17　实验参数

屈服极限 σ_s/MPa		对 z 轴的惯性矩 I_z/mm⁴	
梁的材料	45 钢	弹性模量 E/GPa	

表 3-18　试件几何尺寸

试件几何尺寸			
梁横截面宽度 b/mm		梁的长度 l/mm	
梁横截面高度 h/mm		a/mm	

表 3-19　加载方案

加载方案			
最终载荷 F/N		加载级数	
初载荷 F_0/N		每级载荷增量 ΔF/N	

续表

加载方案					
应变片编号	1	2	3	4	5
应变片位置 y_i/mm					
$\Delta\sigma_{i理} = \dfrac{ay_i\Delta F}{2I_z}$					

表 3-20　读数

应变片编号	1		2		3		4		5	
载荷 F/N	应变仪读数/$\mu\varepsilon$	读数差 $\Delta\varepsilon$/$\mu\varepsilon$	应变仪读数/$\mu\varepsilon$	读数差 $\Delta\varepsilon$/$\mu\varepsilon$	应变仪读数/$\mu\varepsilon$	读数差 $\Delta\varepsilon$/$\mu\varepsilon$	应变仪读数/$\mu\varepsilon$	读数差 $\Delta\varepsilon$/$\mu\varepsilon$	应变仪读数/$\mu\varepsilon$	读数差 $\Delta\varepsilon$/$\mu\varepsilon$
$F_0=$										
$F_1=$										
$F_2=$										
$F_3=$										
$F_4=$										
读数差平均值 $\overline{\Delta\varepsilon_i}$	—		—		—		—		—	

表 3-21　实验误差

应变片编号	1	2	3	4	5
$\overline{\Delta\sigma_实}(=E\overline{\Delta\varepsilon_i})$/MPa					
相对误差：$\eta = \dfrac{\left|\Delta\sigma_理 - \overline{\Delta\sigma_实}\right|}{\Delta\sigma_理}\times100\%$			—		

根据测试记录，算出各点实测应力增量的平均值：

$$\overline{\Delta\sigma_实} = E\overline{\Delta\varepsilon_实}$$

以及各点应力增量理论值：

$$\Delta\sigma_{i理} = \frac{My_i}{I_z} = \frac{6a\Delta F}{bh^3}y_i$$

计算出截面上两个最大应力点的应力增量理论值与实测应力增量平均值的相对误差：

$$\eta = \frac{\left|\Delta\sigma_理 - \overline{\Delta\sigma_实}\right|}{\Delta\sigma_理}\times100\%$$

以横轴表示各测点的应力 σ_i，纵轴表示各测点距梁轴线的距离 y_i，将各点 $\Delta\sigma_{理}$ 与 $\Delta\sigma_{实}$ 以不同的符号点画在同一坐标平面内，分别描绘出梁横截面上实验应力与理论应力分布曲线。

 思考题

① 当改变梁的材料时，同一测点的应变值有无变化？

② 哪些因素造成理论值和实测值之间的误差？

③ 直接把温度补偿片贴在梁的外伸端，是否可行？

④ 未加载时，应变仪初读数的形成原因是什么？

3.7 平面应力状态下主应力的测定

3.7.1 实验目的

① 用电测法测定平面应力状态下 m 点的主应力大小及方向，并与理论值进行比较。
② 进一步熟悉电测法并掌握静态应变仪的使用方法。
③ 学习应变花的使用。

3.7.2 实验仪器和设备

① 试件：带有横臂的空心圆筒。
② 量具：游标卡尺及钢尺。
③ 设备：WNG-100 型弯扭组合变形试验台。

3.7.3 实验原理

弯扭组合实验是一种重要的力学实验方法，基于平面应力状态理论，能够揭示材料或结构在复杂应力状态下的力学性能。通过实验装置，可以更准确地测量和分析弯扭作用下的应力、应变和破坏模式，为工程设计和材料开发提供理论依据和技术支持，是一种用于研究材料在弯曲和扭转共同作用下的应力、应变分布规律的实验方法。如图 3-27 所示组合变形装置，加力 F 后，薄壁圆筒受弯曲和扭转组合作用，被测点 m 在 A—A 截面的最上端，处于平面应力状态。平面应力状态下，已知过一点的某些截面的应力后，可以通过下面的公式求得斜截面上的正应力 σ_α 和剪应力 τ_α，如图 3-28 所示，σ_α 和 τ_α 都是 α 的函数。

$$\sigma_\alpha = \frac{\sigma_x}{2} + \frac{\sigma_x}{2}\cos(2\alpha) - \tau_{xy}\sin(2\alpha)$$

$$\tau_\alpha = \frac{\sigma_x}{2}\sin(2\alpha) + \tau_{xy}\cos(2\alpha)$$

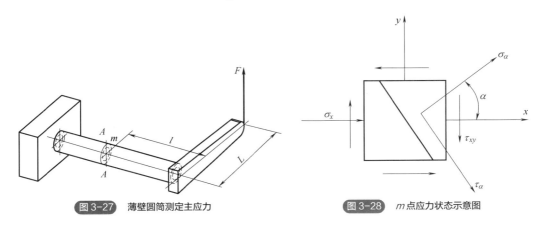

图 3-27　薄壁圆筒测定主应力　　　　图 3-28　m 点应力状态示意图

在剪应力为零的平面上，正应力为最大值或最小值。因为剪应力为零的平面就是主平面，主平面上的正应力是主应力，所以主应力就是最大或最小的正应力。

测点处的弯曲正应力增量值：

$$\sigma_x = \frac{l\Delta F}{W_z}$$

式中，W_z 为抗弯截面模量：

$$W_z = \frac{\pi D^3}{32}\left[1-\left(\frac{d}{D}\right)^4\right]$$

式中，d、D 分别为薄壁圆筒内、外直径。

测点处的扭转剪切应力增量值：

$$\tau_{xy} = \frac{L\Delta F}{W_n}$$

式中，W_n 为抗扭截面模量：

$$W_n = \frac{\pi D^3}{16}\left[1-\left(\frac{d}{D}\right)^4\right]$$

理论计算公式为

$$\sigma_{1,3理} = \frac{1}{2}\left(\sigma_x \pm \sqrt{\sigma_x^2 + 4\tau_{xy}^2}\right), \quad \tan(2\alpha_{理}) = -\frac{2\tau_{xy}}{\sigma_x}$$

式中，σ 下角 1、3 分别代表最大、最小。

在平面应变状态中，过一点一定存在两个相互垂直的方向，在这两个方向上，线应变为极值而剪应变等于零。这样的极值线应变为主应变。由应变分析理论知，为了测定处于平面应力状态点的应力，只需要测出该点主应变的大小和方向，再利用广义胡克定律算出主应力的大小，就完全确定了 m 点的应力状态。

在实际测试中，先测出在三个选定方向 α_1、α_2、α_3 上的线应变 $\varepsilon_{\alpha1}$、$\varepsilon_{\alpha2}$、$\varepsilon_{\alpha3}$，用以下三个公式联立求解 ε_x、ε_y、γ_{xy}（切应变）：

$$\varepsilon_{\alpha1} = \frac{\varepsilon_x+\varepsilon_y}{2} + \frac{\varepsilon_x-\varepsilon_y}{2}\cos(2\alpha_1) - \frac{\gamma_{xy}}{2}\sin(2\alpha_1)$$

$$\varepsilon_{\alpha2} = \frac{\varepsilon_x+\varepsilon_y}{2} + \frac{\varepsilon_x-\varepsilon_y}{2}\cos(2\alpha_2) - \frac{\gamma_{xy}}{2}\sin(2\alpha_2)$$

$$\varepsilon_{\alpha3} = \frac{\varepsilon_x+\varepsilon_y}{2} + \frac{\varepsilon_x-\varepsilon_y}{2}\cos(2\alpha_3) - \frac{\gamma_{xy}}{2}\sin(2\alpha_3)$$

进一步计算主应变：

$$\varepsilon_{1,3实} = \frac{\varepsilon_x+\varepsilon_y}{2} \pm \sqrt{\left(\frac{\varepsilon_x-\varepsilon_y}{2}\right)^2 + \left(\frac{\gamma_{xy}}{2}\right)^2}$$

$$\tan(2\alpha_{实}) = -\frac{\gamma_{xy}}{\varepsilon_x-\varepsilon_y}$$

利用广义胡克定律计算主应力的大小：

$$\sigma_{1实} = \frac{E}{1-\mu^2}\left(\varepsilon_{1实} + \mu\varepsilon_{3实}\right), \quad \sigma_{3实} = \frac{E}{1-\mu^2}\left(\varepsilon_{3实} + \mu\varepsilon_{1实}\right)$$

式中，E 为薄壁圆筒试件的拉伸弹性模量；μ 为泊松比。

实际测量时，可把 α_1、α_2、α_3 取为便于计算的数值。例如，使三个应变片的方向分别为 $\alpha_1 = 0°$，$\alpha_2 = 45°$，$\alpha_3 = 90°$（或$-45°$，$0°$，$45°$），组合在同一基片上。这种组合的多轴电阻应变片就称为应变花，如图 3-29 所示。实验测出应变花（$0°$，$45°$，$90°$）的应变值 $\varepsilon_{0°}$、$\varepsilon_{45°}$、$\varepsilon_{90°}$，代入上述公式计算出主应力的实验值。

应用上述公式时应注意：

① $0°$ 方向就是 x 轴的方向；

② 角度都是从 x 轴的正向算起，逆时针为正，顺时针为负；

③ 应力和应变的符号规定：拉应力为正，压应力为负；伸长线应变为正，压缩线应变为负。

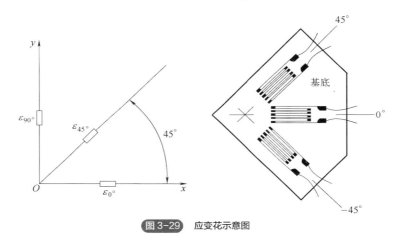

图 3-29　应变花示意图

根据测量记录，计算 m 点主应力大小及方向的实验值：

$$\sigma_{1,3实} = \frac{E\left(\varepsilon_{0°} + \varepsilon_{90°}\right)}{2(1-\mu)} \pm \frac{\sqrt{2}E}{2(1+\mu)} \times \sqrt{\left(\varepsilon_{0°} - \varepsilon_{45°}\right)^2 + \left(\varepsilon_{45°} - \varepsilon_{90°}\right)^2}$$

$$\tan(2\alpha_实) = \frac{2\varepsilon_{45°} - \varepsilon_{0°} - \varepsilon_{90°}}{\varepsilon_{0°} - \varepsilon_{90°}}$$

计算 m 点主应力大小及方向的理论值：

$$\sigma_{1,3理} = \frac{1}{2}\left(\sigma_x \pm \sqrt{\sigma_x^2 + 4\tau_{xy}^2}\right), \quad \tan(2\alpha_理) = -\frac{2\tau_{xy}}{\sigma_x}$$

3.7.4　实验步骤及注意事项

（1）实验步骤

① 在被测点 m 处贴一组互为 $45°$（应变片夹角）的应变花，另在一块与薄壁圆筒相同材料的温度补偿块上贴一片温度补偿片，放在 m 点附近。

② 将粘贴在 m 点的应变花和温度补偿块上的补偿片按单臂半桥接法接入到静态应变仪和

预调平衡箱，接通电源，调平应变仪。

③ 先挂上砝码托，再分四次加砝码，记下每一次应变值（有大小和正负）。

④ 取四次应变增量的平均值作为应变值代入公式，即可算出主应力大小和方向的实验值。

（2）注意事项

① 检查、调整应变仪时要迅速、细心，不得用力太大，以免损坏仪器。

② 加载、卸载时，砝码应轻取轻放，不得冲击。

③ 实验过程中，不要晃动仪器或导线。

3.7.5 实验结果的处理

完成表 3-22～表 3-24。

表 3-22 机器、仪器与量具

机器名称及型号			
仪器名称及型号		精度	
量具名称		精度	

表 3-23 试件尺寸与弹性常数

试件尺寸	$d=$ mm	$D=$ mm	$l=$ mm	$L=$ mm
弹性常数	$E=$ GPa		$\mu=$	

表 3-24 读数

应变片位置	0°		45°		90°	
载荷 F/N	应变仪读数/$\mu\varepsilon$	读数差 $\Delta\varepsilon$/$\mu\varepsilon$	应变仪读数/$\mu\varepsilon$	读数差 $\Delta\varepsilon$/$\mu\varepsilon$	应变仪读数/$\mu\varepsilon$	读数差 $\Delta\varepsilon$/$\mu\varepsilon$
$F_0=$						
$F_1=$						
$F_2=$						
$F_3=$						
$F_4=$						
读数差平均值 $\overline{\Delta\varepsilon_i}$	—		—		—	

计算 m 点主应力大小及方向的实验值：

$\sigma_{1,3实} =$

$\tan(2\alpha_{实}) =$

计算 m 点主应力大小及方向的理论值：

$\sigma_{1,3理} =$

$$\tan(2\alpha_{\text{理}}) =$$

将 m 点主应力大小及方向的实验值同理论值作比较。

思考题

① 主应力测量中，应变花是否可以沿任意方向粘贴？

② 造成实验误差的原因有哪些？

③ 确定一点的应力状态，通常至少用几片电阻应变片？

3.8 压杆稳定实验

3.8.1 实验目的

① 观察两端铰支、一端固定一点铰支、两端固定、一端固定一端自由支承条件下的压杆失稳现象及失稳时的挠曲线形状，观察压力与横向变形的变化规律。

② 测定两端铰支、一端固定一点铰支、两端固定支承条件下的临界载荷。

3.8.2 实验仪器和设备

① 压杆稳定试验台，型号 YW-6K。

② 静态电阻应变仪，型号 XL2101C。

③ 直尺、游标卡尺。

3.8.3 实验原理

压杆稳定实验是材料力学中的一个重要实验内容，主要目的是通过实验观察和测量细长压杆在轴向压力作用下的失稳现象，确定其临界载荷，并与理论计算结果进行比较。

压杆稳定性的研究基于欧拉小挠度理论。对于两端铰支的大柔度杆，在轴向力作用下，保持直线平衡的最大载荷称为临界载荷 F_{cr}。当载荷 F 小于 F_{cr} 时，压杆处于稳定平衡状态；当 F 大于 F_{cr} 时，压杆失稳并弯曲。

欧拉屈曲公式的表达式为

$$F_{\text{cr}} = \frac{\pi^2 E I_z}{L^2}$$

式中，F_{cr} 为临界载荷；E 为材料的弹性模量；I_z 为截面的惯性矩；L 为压杆的有效长度。

用电测法测压杆试件中间的轴向应变，由应变来确定临界压力 F_{cr}。假定压杆受力后弯曲，试件贴片处横截面上的内力有轴向压力 N 和弯矩 M。压杆中点截面左右两点的应变 ε，除了包含由轴向力引起的压应变 ε_{n} 外，还附加一部分由弯矩产生的应变 ε_{m}，即被测量的应变值 $\varepsilon = \varepsilon_{\text{n}} + \varepsilon_{\text{m}}$。在压杆产生明显挠度后，$\varepsilon_{\text{m}}$ 占其中的绝大部分。测量采用半桥接线法，应变读数的绝对值等于两贴片处应变的绝对值之和。略去压应变 ε_{n} 不计，试件中点挠度 f 与应变仪读数 ε_{d}

之间的关系为

$$\frac{Ff \times \dfrac{h}{2}}{I_z} = E \times \frac{\varepsilon_{\mathrm{d}}}{2}$$

即

$$Ff = \left(\frac{EI_z}{h}\right)\varepsilon_{\mathrm{d}}$$

ε_{d} 的大小反映了 f 的大小，由实验测试数据绘出 F-ε_{d} 曲线，如图 3-30 所示。由 F-ε_{d} 曲线作水平渐近线来确定临界压力 F_{cr}。由于压杆的变形可能有两个方向，故应变读数可正可负，也可由负值过渡到正值，图 3-30 所示是 F-ε_{d} 曲线的一种情况。不管是哪种情况，都取其渐近线所对应的轴向压力值作为临界力值。

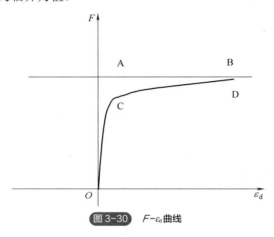

图 3-30 F-ε_{d} 曲线

若用百分表测定压杆中点的挠度 f，由实验测试数据绘出 F-f 曲线，如图 3-31 所示。根据曲线变化规律，可作出一条水平渐近线，此水平渐近线相应的载荷值就称为临界压力 F_{cr}。

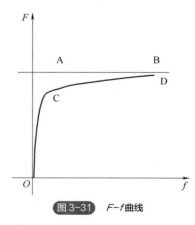

图 3-31 F-f 曲线

3.8.4 实验步骤

① 测量试件的长度 L 及横截面尺寸；调整试验台上、下支座至合适位置，装上试件。

② 将应变片按半桥接入应变仪，做好应变仪的测量准备。也可安装百分表，预先将表杆压入表中一部分，保证顶杆与试件的紧密接触，并给测杆左右测量留有余地。

③ 加载前用欧拉屈曲公式求出压杆临界力 F_{cr} 的理论值。加载分成两个阶段：在达到理论临界载荷 F_{cr} 的 80% 之前，由载荷控制，每增加一级载荷 ΔF，记录相应的应变读数值 ε_d 或百分表读数值 f 一次；超过临界载荷 F_{cr} 的 80% 以后，改为由变形控制，每增加一定的应变或挠度时读取相应的载荷，这需要根据实际情况随机掌握。直到 ΔF 的变化很小，渐近线的趋势已经明显为止，卸去载荷。为了确保压杆的耐用性，最大应变读数值的一半要远小于压杆材料的弹性极限所对应的应变值，用电测的方法很容易做到这一点。

3.8.5 实验结果的处理

根据实验结果，在方格纸上画出 F-ε_d（或 F-f）曲线，作曲线的水平渐近线，用以确定临界压力 F_{cr}。不画曲线图也可确定临界压力 F_{cr}：即使应变读数或横向变形增加很大，轴向压力值也增加极小，甚至根本不增加，此时的压力读数即可确定为临界压力 F_{cr}。

比较临界压力的实测值和理论值，分析两者存在差异的原因；描述失稳现象。完成表 3-25、表 3-26。

表 3-25　实验数据（一）

宽度 b/mm	厚度 δ/mm	横截面面积/mm^2	最小惯性矩 I_z/mm^4	最小惯性半径 i/mm

表 3-26　实验数据（二）

支承形式	两端铰链支承	一端固定一端铰链支承	两端固定支承
长度 l/mm			
支承系数 μ			
μl^2/mm^2			
柔度 $\lambda = \dfrac{\mu l}{i}$			
临界压力的理论值/N			

从表中可以看出，压杆试件在各种支承形式下均为大柔度杆，均用欧拉屈曲公式计算临界压力。压杆临界压力的理论公式：

$$F_{cr} = \frac{\pi^2 E I_z}{(\mu l)^2}, \quad I_z = \frac{b\delta^3}{12}$$

材料：65Mn。弹性模量 E=206GPa。

加载记录及结果：

① 两端铰链支承（表 3-27）。

表 3-27　F 与 ε_d（一）

F/N					
$\varepsilon_d/10^{-6}$					

计算：

$$F_{cr}= \qquad N$$

误差 = （ 　　　 − 　　　 ）÷ 　　　 = 　　　 %

② 一端固定一端铰链支承（表 3-28）。

表 3-28　F 与 ε_d （二）

F/N					
ε_d/10^{-6}					

计算：

$$F_{cr}= \qquad N$$

误差=（　　　—　　　）÷　　　＝　　　%

③ 两端固定支承（表 3-29）。

表 3-29　F 与 ε_d （三）

F/N					
ε_d/10^{-6}					

计算：

$$F_{cr}= \qquad N$$

误差=（　　　—　　　）÷　　　＝　　　%

 思考题

① 细长压杆的定义是什么？
② 压缩实验和压杆稳定实验有什么不同？
③ 欧拉屈曲公式的适用范围是什么？

3.9　偏心拉伸实验

3.9.1　实验目的

① 测定构件偏心拉伸时横截面上的正应力及其分布规律，验证叠加原理的正确性。
② 选择合适的组桥方式，测定偏心拉伸的偏心距。
③ 掌握偏心拉伸的组合变形分析方法，理解偏心距对材料性能的影响。

3.9.2　实验仪器和设备

① 多功能试验台。
② 钢尺或游标卡尺。
③ 静态电阻应变仪。

3.9.3　实验原理

偏心拉伸是指施加的外力不通过试件的几何中心，而是偏离中心一定距离，从而产生弯矩和剪力的复合效应。偏心拉伸实验中，外力作用点与试件中心轴之间的距离称为偏心距 e。

偏心距（eccentricity）的大小直接影响试件的应力分布和破坏模式。当偏心距较小时，试件主要承受轴向拉伸应力；而当偏心距较大时，试件除了承受轴向拉伸应力外，还会产生显著的弯曲和剪切应力。由于弯矩的存在，试件的应力分布不再是对称的。具体表现为：

压缩区：靠近几何中心的一侧受压，应力较小；

拉伸区：远离几何中心的一侧受拉，应力较大；

中性层：位于试件截面的几何中心线上，应力为零。

随着偏心率的增加，压缩区和拉伸区的范围逐渐扩大，最终形成明显的非对称应力分布。这种应力分布的变化对材料的破坏模式和失效机制有重要影响。

偏心拉伸实验中，试件的应力分布具有明显的非线性特征。在偏心距较小时，试件的应力分布较为均匀；而随着偏心距的增加，应力集中现象加剧，导致局部区域出现高应力集中点，最终可能导致试件的破坏。

偏心拉伸和正拉伸的区别在于：正拉伸实验中，外力作用点通过试件的几何中心，仅产生轴向拉伸应力；而偏心拉伸实验中，外力作用点偏离中心，除了轴向拉伸应力外，还引入了弯曲和剪切应力。因此，偏心拉伸实验能够更全面地反映材料在复杂应力状态下的力学性能。

偏心拉伸实验基于叠加原理，即在外载荷作用下，试件横截面上的应力状态可以视为轴向拉伸和弯曲应力的叠加。具体公式如下：

$$\sigma = \sigma_F + \sigma_M$$

式中，σ 表示横截面上的总应力；σ_F 表示轴向拉伸应力；σ_M 表示弯曲应力。

偏心距 e 的定义为

$$e = \frac{M}{F_N}$$

式中，M 为弯矩；F_N 为轴向拉力。

该公式表明，偏心距是弯矩与轴向载荷的比值，反映了偏心加载的严重程度。偏心距越大，说明偏心加载越显著，材料的应力状态越复杂。在实际工程中，偏心距的计算需要结合具体的加载条件和结构几何尺寸进行进一步细化。

实验加载及测点布置如图 3-32 所示，当试件上的拉力 F 与试件轴线平行但不重合时，产生偏心拉伸，偏心距为 e，在试件中部的两侧面对称地沿纵向各粘贴一个应变片 R_1 和 R_2，在与试件材料相同但不受载荷的另一试件上粘贴温度补偿片 R_t。在力 F 作用下，其轴力 $N=F$，弯矩 $M = Fe$。若试件的厚度为 t，宽度为 b，其截面面积 $S = bt$。

根据叠加原理，试件横截面上各点都是单向应力状态，其测点处正应力的理论计算公式为拉伸应力和弯曲正应力的代数和：

$$\sigma = \frac{F}{A_0} \pm \frac{M}{W_z} = \frac{F}{tb} \pm \frac{6Fe}{tb^2}$$

式中，A_0 指横截面面积，W_z 指抗弯截面模量。

根据胡克定律，正应力也可表示为

$$\sigma = E\varepsilon_{仪}$$

式中，$\varepsilon_{仪}$ 为相应的仪表读数。

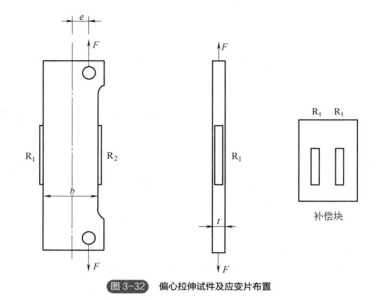

图 3-32　偏心拉伸试件及应变片布置

根据以上分析，受力试件上所布测点中最大应力的理论公式为

$$\sigma_{\max 理} = \frac{F}{A_0} + \frac{M}{W_z} = \frac{F}{tb} + \frac{6Fe}{tb^2}$$

最大应力测量计算公式为

$$\sigma_{\max 测} = \sigma_a = E\varepsilon_{a测} = E\left(\varepsilon_F + \varepsilon_M\right)$$

式中，ε_F 为轴力引起的拉伸应变；ε_M 为弯矩引起的弯曲正应变的绝对值。

由电阻应变仪中测量电桥的加减特性原理可知

$$\varepsilon_读 = \varepsilon_1 - \varepsilon_2 + \varepsilon_3 - \varepsilon_4$$

从此式看出，相邻两臂应变符号相同时，仪器读数互相抵消；应变符号相异时，仪器读数绝对值是二者绝对值之和。相对两臂应变符号相同时，仪器读数绝对值是二者绝对值之和；应变符号相异时，仪器读数互相抵消。此性质称为电桥的加减特性。利用此特性，采取适当的布片和组桥，可以将组合载荷作用下各内力产生的应变成分分别单独测量出来，且减少误差，提高测量精度，从而计算出相应的应力和内力，这就是所谓内力素测定。

试件中部两侧面对称的纵向应变片 R_1 和 R_2 的应变均由拉伸和弯曲两种应变成分组成，即

$$\varepsilon_1 = \varepsilon_F + \varepsilon_M$$
$$\varepsilon_2 = \varepsilon_F - \varepsilon_M$$

联立求解得

$$\varepsilon_F = \frac{\varepsilon_1 + \varepsilon_2}{2}$$
$$\varepsilon_M = \frac{\varepsilon_1 - \varepsilon_2}{2}$$

由此可知，测量各内力分量产生的应变成分 ε_F 和 ε_M 可有如下两种方法。

方法一：

采用半桥单臂、温度共同补偿、多点同时测量的方法组桥，测出各个测点的应变值，然后根据公式计算出 ε_F 和 ε_M。

方法二：

如图 3-33（a）所示，将 R_1 和 R_2 接在测量电桥的两相对桥臂上，其他两相对桥臂接温度补偿片 R_t，应变仪的读数为两相对桥臂的应变之和，即 $\varepsilon_{读} = \varepsilon_1 + \varepsilon_2 = 2\varepsilon_F$。

如图 3-33（b）所示，将 R_1 和 R_2 接在测量电桥的两相邻桥臂上，其他两相邻桥臂接应变仪里的标准电阻 R。应变仪的读数为两相邻桥臂的应变之差，即 $\varepsilon_{读} = \varepsilon_1 - \varepsilon_2 = 2\varepsilon_M$。

通常将仪器读出的应变值与待测应变值之比称为桥臂系数 a。故上述两种组桥方法的桥臂系数均为 2。

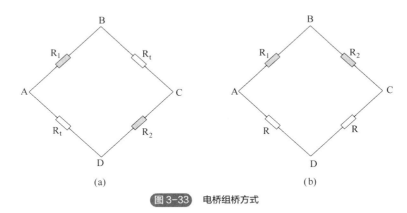

图 3-33　电桥组桥方式

以上两种方法均采用等量加载法，即 $F_i = F + i\Delta F\,(i = 1, 2, \cdots, 5)$，$F_{max}$ 不应超出材料弹性范围。在初载荷 F_0 时，将应变仪读数调零，之后每加一级载荷，测定并记录相应的应变。方法二较方法一精度更高。测定内力素的实验方案并不是唯一的，上述只是诸多组桥方案中的两种，还可以思考并设计其他合理方案。

（1）弹性模量 E 的测定和计算

测弹性模量 E 时按图 3-33（a）组桥接线，并采用等量加载法。在初载荷 F_0 时，将应变仪读数调零，之后每加一级载荷便测定并记录相应的应变。将数据拟合为直线，直线的斜率即为弹性模量 E。用最小二乘法进行计算：

$$E = \frac{e\Delta F}{bt} \times \frac{\sum\limits_{i=1}^{5} i^2}{\sum\limits_{i=1}^{5} i\varepsilon_{读}}$$

（2）偏心距 e 的测定和计算

测偏心距 e 时按图 3-33（b）组桥接线，并采用等量加载法。在初载荷 F_0 时，将应变仪读数调零，之后每加一级载荷便测定并记录相应的应变。由胡克定律可知，弯曲正应力为

$$\sigma_M = E\varepsilon_M, \quad \sigma_M = \frac{M}{W} = \frac{6e\Delta F}{tb^2}$$

因此，所用试件的偏心距为

$$e = \frac{Etb^2}{6\Delta F} \times \varepsilon_M$$

通过实验可以得出以下结论：

① 偏心距 e 的大小直接影响试件的应力分布和承载能力。偏心距越大，试件的应力集中现象越严重，可能导致试件破坏。

② 实验验证了叠加原理的正确性，即横截面上的正应力可以分解为由拉力和弯矩引起的应力之和。

3.9.4　实验步骤

① 试验台换上拉伸夹具，安装试件。应变片电阻 R=120Ω，灵敏度系数 K=2.00。用游标卡尺测量试件 3 个横截面上的长和宽，取平均值作为试件的横截面积 S_0。

② 确定加载方案，先选取适当的初载荷 F_0（一般取 10% F_{max} 左右），估算 F_{max}（$F_{max} \leqslant$ 2000N），分 4～6 级加载。

③ 测定轴力引起的拉伸应变 ε_F：按图 3-33（a）所示方式接线，将 R_1 和 R_2 接在测量电桥的两相对桥臂 AB 和 CD 上，其他两相对桥臂接温度补偿片 R_t，选择好应变仪的灵敏系数。均匀加载至 F_0，记录应变仪的初读数或调零；逐级等量加载，每增加一级载荷，记录应变仪读数，同时计算对应的拉伸应变 ε_F，填入对应表格；卸除载荷并重复。

④ 测定弯矩引起的弯曲正应变 ε_M：按图 3-33（b）所示方式接线，将 R_1 和 R_2 接在测量电桥的两相邻桥臂 AB 和 BC 上，其他两相邻桥臂接应变仪里的标准电阻。选择好应变仪的灵敏系数。均匀加载至 F_0，记录应变仪的初读数或调零；逐级等量加载，每增加一级载荷，记录应变仪读数，同时计算对应的拉应变 ε_M，填入表格。

⑤ 卸除载荷并重复上一步。

3.9.5　实验结果的处理

完成表 3-30～表 3-32。

表 3-30　试件数据

试件截面	厚度 t/mm	宽度 b/mm	横截面积 $S_0 (=bt)$/mm²	平均截面面积/mm²
截面 I				
截面 II				
截面 III				

表 3-31　实验数据（一）

载荷/N	第一次		第二次	
	读数 ε/με	应变增量 $\Delta\varepsilon$/με	读数 ε/με	应变增量 $\Delta\varepsilon$/με
500				
1000				
1500				
2000				
应变增量平均值	应变增量 $\Delta\varepsilon$ 平均值 $\overline{\Delta\varepsilon}$ =		应变增量 $\Delta\varepsilon$ 平均值 $\overline{\Delta\varepsilon}$ =	
2 次 $\overline{\Delta\varepsilon}$ 的平均值=				

▶▶ 第 3 章　材料力学实验

表 3-32　实验数据（二）

载荷/N	测量弯矩引起的弯曲正应变 ε_M			
	第一次		第二次	
	读数 ε / $\mu\varepsilon$	应变增量 $\Delta\varepsilon$ / $\mu\varepsilon$	读数 ε / $\mu\varepsilon$	应变增量 $\Delta\varepsilon$ / $\mu\varepsilon$
500				
1000				
1500				
2000				
应变增量平均值	应变增量 $\Delta\varepsilon$ 平均值 $\overline{\Delta\varepsilon}$ =		应变增量 $\Delta\varepsilon$ 平均值 $\overline{\Delta\varepsilon}$ =	
2 次 $\overline{\Delta\varepsilon}$ 的平均值=				

试件偏心距 e=10mm，弹性模量 E=208GPa，泊松比 μ=0.26。

应变仪灵敏系数 $K_{片}$=　　　　　，$K_{仪}$=　　　　　。

① 通过实验数据绘制应力-应变曲线，分析不同位置的应力变化规律。例如：在偏心加载下，靠近加载点的区域应力较小，而远离加载点的区域应力较大；偏心系数越大，试件的最大应力越集中于远离加载点的一侧。

② 计算正应力和正应变：根据胡克定律计算轴向正应力 σ_F 和正应变 ε_F。

③ 计算弯曲应力和应变：利用弯矩公式计算弯曲应力 σ_M 和弯曲应变 ε_M。

④ 计算弹性模量 E 和偏心距 e：通过公式计算弹性模量 E 和偏心距 e。

 思考题

① 偏心拉伸中，如何确定最佳的加载速度？

② 最大和最小的偏心应力分别产生在试块的哪个部位？

③ 单向偏心拉伸中，存在哪些应力？

3.10　冲击实验

3.10.1　实验目的

① 测定低碳钢、铸铁的冲击韧度 α_k，了解金属在常温下冲击韧度指标的测定方法。

② 理解材料在冲击载荷下的力学性能及其影响因素。

③ 观察塑性材料与脆性材料受冲击破坏时的断口情况，并进行比较。

3.10.2　实验仪器和设备

① 冲击试验机。

② 游标卡尺。

91

③ 冲击试件。

3.10.3　实验原理

冲击载荷是指在极短时间内施于材料上的力，其特点是加载速度快、应力集中显著。这种加载方式使材料内部的应力迅速升高，从而导致材料发生塑性变形甚至断裂。材料在冲击载荷作用下的力学性能与静载荷作用下的力学性能明显不同。工程上常用冲击实验来衡量材料抗冲击的能力，或评定材料的韧脆程度、检验材料的内部缺陷、研究金属材料的冷脆现象。冲击实验的核心在于研究材料在受到瞬时高载荷作用下的力学行为和破坏模式。

根据牛顿第二定律，冲击力可以通过测量物体的质量和加速度来推导。冲击实验中通常通过测量样品在冲击过程中的位移、速度和加速度等参数，计算出冲击力和能量分布，进而分析材料的抗冲击性能。

冲击实验可以分为静态冲击和动态冲击两种类型。静态冲击主要用于研究材料在低速加载条件下的力学性能，而动态冲击则适用于研究材料在高速碰撞或冲击条件下的行为。

冲击实验的方法多种多样，具体选择取决于实验目的和材料特性。以下是几种常见的冲击实验方法。

（1）简支梁弯曲冲击实验

简支梁弯曲冲击实验适用于脆性材料（如玻璃、陶瓷）的抗冲击性能测试。实验中，试件被固定在两个支点之间，通过摆锤撞击试件的中部，测量其断裂位置和吸收功。

优点：操作简单，结果直观。

缺点：对试件的形状和尺寸要求较高。

（2）落锤冲击实验

落锤冲击实验适用于金属材料的抗冲击性能测试。实验中，锤体从一定高度落下，撞击试件表面，测量其吸收的能量和破坏情况。

优点：能够模拟实际工程中的冲击场景。

缺点：对设备要求较高，数据处理复杂。

（3）多冲击实验

多冲击实验通过多次重复冲击，研究材料在连续加载条件下的动态响应。多冲击设备可以模拟实际工程中的反复冲击场景。

优点：提高材料设计的可靠性。

缺点：实验复杂且成本高，对环境条件的要求高。

（4）低速冲击实验

低速冲击实验适用于复合材料和轻质结构的抗冲击性能测试。实验中，采用低速弹丸撞击试件表面，测量其变形和能量吸收。

优点：能够模拟实际应用中的低速碰撞场景。

缺点：对弹丸形状和尺寸要求较高。

本节仅介绍在室温条件下的一次摆锤弯曲冲击实验。

在理想情况下，构件在受冲击载荷作用时，其积蓄的应变能在数值上等于冲击力所做的功。因此，衡量材料在冲击载荷下力学性能好坏所用的指标，应该是材料破坏时冲击力所做的功，通常称其为材料的冲击功，工程中通常用每单位断口面积冲击力所做的功来表示，称为材料的冲击韧度 α_k，通过冲击实验来测定。

在试件上制作缺口的目的是在缺口附近造成应力集中，使塑性变形局限在缺口附近不大的体积范围内，并保证试件在缺口处一次就被冲断。由于 α_k 值对缺口的形状和尺寸十分敏感，缺口越深，α_k 值越低，材料脆性程度越严重，所以同种材料不同缺口的 α_k 值是不能互相换算和直接比较的。由于试件尺寸、缺口形状和支承方式将影响冲击韧度 α_k 的大小，因此，实验必须遵照国家标准进行，实验结果才有比较意义。本实验按《金属材料　夏比摆锤冲击试验方法》（GB/T 229—2020）进行，试件形状通常为 U 形或 V 形缺口试件，缺口的作用在于使开裂沿截面发生。实验表明缺口形状和加工精度对所测韧度值影响很大，因此，要求有足够的加工精度，试件表面需光滑平整，无裂纹或其他缺陷。

金属材料冲击试件的断口形式是研究材料力学性能的重要内容之一，通过分析断口形貌可以了解材料在冲击载荷下的断裂机制、韧性、脆性以及微观结构特征。缺口试件受到冲击载荷作用，缺口断面的断裂经历了裂纹在缺口根部的形成、裂纹的扩展和最终断裂等过程，所以冲击功就包含了冲断试件所消耗的弹性变形功、塑性变形功及从裂纹形成一直到试件完全断裂的裂纹扩展功这样三个部分。对于不同材料，冲击功可以相同，但它们的弹性变形功和裂纹扩展功却可能相差很大。若弹性变形功所占比例很大，塑性变形功很小，裂纹扩展功几乎为零，则表明材料断裂前塑性变形小。裂纹一旦出现就立即断裂，断口呈现晶粒状脆性断口。反之，若塑性变形功所占比例大，裂纹扩展功也大，则为韧性断裂，断口呈现以纤维状为主的韧性断口。冲击试件（低碳钢和铸铁）的冲击断口如图 3-34 所示；微观结构特征如图 3-35 所示。

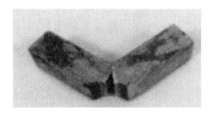 

(a) 低碳钢试件断口　　　　　　　　　　(b) 铸铁试件断口

图 3-34　冲击试件破坏形式

① 韧性断裂：韧性断裂表现为沿晶和穿晶断裂。韧性断口通常表现为光滑平整的纤维状或准解理面，断口表面具有金属光泽，有明显塑性变形。这种断口表明材料在冲击载荷下主要通过塑性变形来吸收能量，具有较高的韧性。例如，低碳钢和某些高强度钢在低温条件下的冲击断口就属于韧性断口。

② 脆性断裂：脆性断裂通常表现为沿晶断裂。脆性断口通常表现为粗糙、不规则的表面，断口上可见大量裂纹和碎片，缺乏明显的塑性变形。这种断口表明材料在冲击载荷下主要通过脆性断裂来释放能量，具有较低的韧性。例如，铸铁和某些高碳钢在常温下的冲击断口就属于脆性断口。

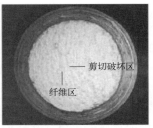
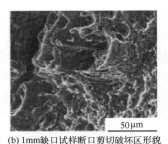
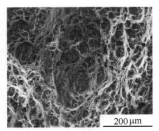

(a) 缺口深度1mm试样断口整体形貌 　(b) 1mm缺口试样断口剪切破坏区形貌　(c) 1mm缺口试样断口纤维区形貌

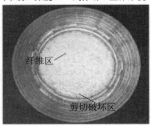
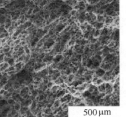
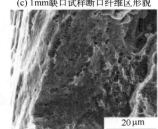

(d) 缺口深度2mm试样断口整体形貌　(e) 2mm缺口试样断口心部纤维区形貌　(f) 2mm缺口试样断口根部剪切变形区形貌

图 3-35　冲击试件断口微观结构特征

另有研究表明，温度升高通常会降低材料的脆性，提高其韧性。

3.10.4　实验步骤

① 测量试件尺寸：用游标卡尺测量试件缺口底部横截面尺寸。

② 试验机准备：打开电源及手控盒电源，将摆锤抬起，指针拨至最大值，按冲击键空打一次，检查刻度盘上的指针是否回到零点，否则应进行修正。

③ 安装试件：稍抬摆锤，并将其置于支架上；将试件放在冲击机的支座上，紧贴支座，缺口朝里，背向摆锤刀口，并用对中样板使其对中。

④ 进行实验：把指针推到最大位置，按手控盒取摆键，摆锤抬高，待听到锁住声响后方可慢慢松手；注意检查摆锤摆动范围内是否有人或其他障碍物，只有在看清楚没有任何危险的情况下，才能按手控盒退销键、冲击键，摆锤下落；待回摆后，将手控盒上的放摆键按住，直到摆锤回落到中间位置再松手，摆锤即停。

⑤ 记录读数：记录试件在冲击过程中的位移、速度和加速度数据。

⑥ 取下试件，试验机断掉电源。

3.10.5　实验结果的处理

完成表 3-33、表 3-34。

表 3-33　实验数据（一）

试件	切槽截面尺寸			初始能量 E_0		剩余能量 E_1	
	宽/mm	高/mm	面积/mm²	单位：kgf[①]·m	单位：J	单位：kgf·m	单位：J
低碳钢							
铸铁							

①1kgf=9.80665N。

表 3-34　实验数据（二）

参数	低碳钢	铸铁
面积 A_0		
空打示值 E_0		
冲断试件示值 E_1		
冲击功 E		
冲击韧度 α_k		

注：冲击实验的结果通常以冲击功 E、冲击韧度值 α_k、破坏形式等指标来表示。

（1）冲击功计算

冲击实验是一种评估材料或结构在动态载荷作用下的性能的重要方法。冲击功是冲击实验中的关键参数，它表示材料或结构在冲击载荷作用下能够吸收的能量，单位为焦耳（J）。通过测量摆锤势能的变化，计算出试件的冲击功，计算公式为

$$E = \frac{1}{2}mv^2$$

式中，E 为冲击功；m 为摆锤质量；v 为摆锤速度。

（2）冲击韧度计算

冲击韧度是材料在冲击过程中吸收能量的能力，单位为焦耳/米^2（J/m²）。
计算公式为

$$\alpha_k = \frac{E}{A_0}$$

式中，α_k 为冲击韧度；A_0 为试件横截面积。

（3）破坏形式分析

通过观察试件的破坏形态，判断其抗冲击性能。例如，脆性材料通常表现为沿某一方向裂开，而韧性材料则表现为塑性变形和断裂。

（4）应力、应变分析

通过绘制应力-应变曲线或力-时间曲线，分析材料在冲击过程中的力学行为。
应力-应变曲线：反映材料在不同阶段的力学响应。
力-时间曲线：展示冲击过程中力的变化趋势。
低碳钢试件：

$$\alpha_k = \frac{E}{A} = \frac{E_0 - E_1}{A} = \qquad = \qquad \text{J}/\text{mm}^2$$

铸铁试件：

$$\alpha_k = \frac{E}{A} = \frac{E_0 - E_1}{A} = \qquad\qquad = \qquad\qquad \text{J}/\text{mm}^2$$

 思考题

① 冲击实验为何要采用标准试件?冲击韧度的物理意义是什么?

② 冲击试件为什么要开缺口?什么情况下可以不开缺口?

③ 分析、比较铸铁和低碳钢冲击断口组织形貌的差异,并说明低碳钢 U 形缺口和 V 形缺口试件断口形貌的异同。

④ 冲击韧度的大小与什么因素有关?

3.11 电阻应变片的粘贴技术实验

3.11.1 实验目的

① 掌握电阻应变片的选用原则及方法。

② 掌握常温用电阻应变片的粘贴技术,包括试件表面处理、定位、粘贴、固化等步骤。

③ 学习应变片接线方法及防潮措施。

④ 提高实验操作技能,确保应变片粘贴质量,为后续的应变测试奠定基础。

3.11.2 实验仪器和设备

① 常温电阻应变仪。

② 等强度梁试件。

③ 数字万用表或电桥。

④ 502 或 505 黏结剂。

⑤ 棉球、酒精（或丙酮）、脱脂棉等清洁工具。

⑥ 刀口尺、砂纸、画线器等表面处理工具。

⑦ 绝缘胶带、电烙铁、焊锡丝等接线工具。

⑧ 应变片（金属箔式或半导体式）。

⑨ 聚乙烯薄膜或防潮层材料。

⑩ 防护罩或密封剂（如环氧树脂胶）。

3.11.3 实验原理

电阻应变片是一种基于金属导体应变效应的传感器,其电阻值会随着外部应力的变化而变化。当试件受力时,应变片的电阻值会发生变化,通过测量这种变化可以计算出试件的应变情况。实验中,通过将应变片粘贴在试件表面,利用电桥电路将电阻变化转换为电信号输出,从而实现应变测量。应变片在不同表面的粘贴示意图如图 3-36 所示。

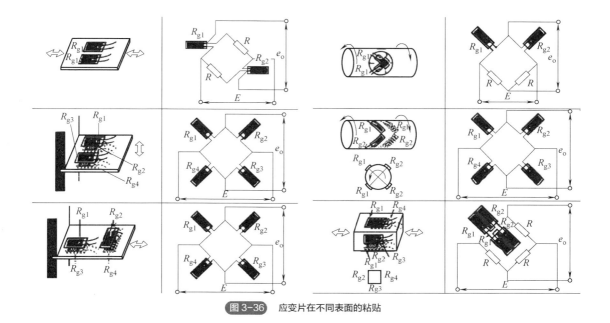

图 3-36 应变片在不同表面的粘贴

3.11.4　实验步骤及注意事项

3.11.4.1　实验步骤

（1）选片

① 根据实验及试件的要求确定所选应变片形状、类别、规格及型号。

② 外观检查：剔除丝栅有形状缺陷、片内有气泡或有霉点、锈斑等的不合格应变片。

③ 阻值检查：检查阻值，选用多片时阻值差异不大于 $0.5\%R$（R 为应变片的包装标注应变值）。

（2）试件处理

在粘贴电阻应变片之前，需要对被测物体表面进行清洁和打磨处理。具体步骤如下：除去试件表面漆层、电镀层、锈斑、污垢等覆盖层，使用粗砂纸去除表面毛刺和杂质；使用细砂纸进一步打磨光滑；使用酒精擦拭去除油污和灰尘。

完成清洁后，在应变片背面涂抹适量的快速干燥胶水，并将其贴于被测物体表面。需要注意的是，应变片的粘贴方向应与受力方向一致，以避免角度偏差带来的测量误差。

1）钢筋件

① 砂轮机将试件打磨出平滑面，面积大于片的 30% 左右；

② 砂纸细磨达到光亮、无凸凹缺陷，且条纹呈现出 45° 交叉斜线。

2）混凝土试件

① 对平面很不平整的用砂布或砂轮机打光；

② 用砂纸细磨，要求没有浮浆、平整。

（3）画线

按所选定的贴片位置，对处理过的面积外围画出测点中心线。

（4）擦洗

① 钢筋件：用脱脂棉球将表面灰垢擦掉；棉球蘸丙酮清洗表面。

② 混凝土试件：用皮老虎（一种吹气小工具）将灰垢吹净；处理方法同上述钢筋件。

（5）贴片相关操作

1）涂胶、贴片

① 钢筋件：使用502胶或环氧树脂胶，右手捏住应变片引线，左手上胶，胶应薄且匀，校正方向后贴好。再垫上玻璃纸或塑料薄膜，用手指稍加滚压至无气泡、平整，粘牢。

② 混凝土试件：处理方法同钢筋件。

2）绝缘处理及导线固定

① 钢筋件：在引线部位，缠透明胶带纸，并用万用表检查电阻（即应变片接好连接线后在接线叉位置测试出的电阻）及绝缘电阻（＞200MΩ）。

将引线与外部连接焊好，进行阻值检查。

② 混凝土试件：将端子贴好；将引出线与测量导线焊好，用万用表检查阻值。

（6）防潮处理

黏结剂受潮会降低绝缘电阻和黏结强度，严重时会使敏感栅锈蚀；若有酸、碱及油类浸入，甚至会改变基底和黏结剂的物理性能。为了防止大气中游离水分和雨水、露水的浸入，以及在特殊环境下防止酸、碱、油等杂质侵入，对已充分干燥、固化，并已焊好导线的应变计，应涂上防护层。常用室温防护剂主要是环氧树脂。

1）钢筋件

① 封石蜡：做到封得严密，均匀厚薄适当，用表检查阻值。

② 封环氧树脂：将黏结剂调好，准备好纱布一侧涂上环氧树脂黏结剂，然后边绑边涂环氧树脂黏结剂，过一段时间后检查阻值。

2）混凝土试件

① 用石蜡配制好防潮剂，涂法同钢筋件，检查阻值。

② 将配制好的防潮剂直接涂在应变片上，检查。

3.11.4.2　粘贴过程中的注意事项

① 粘贴位置的选择：应变片应贴在受力最大或变形最明显的部位，如梁的中性轴附近或柱子的轴向方向。

② 胶水量控制：胶水量不宜过多或过少，过多会导致气泡产生，过少则粘贴不牢。使用胶水时需均匀涂抹，并避免直接接触试件表面。

③ 粘贴角度：确保应变片的长边与受力方向平行，避免由角度偏差导致的非线性误差。

④ 固化时间：不同类型的黏结剂固化时间不同，需根据产品说明书进行操作。例如，某些

快速干燥胶水需要在室温下固化 10 分钟以上。

⑤ 质量控制：粘贴时避免触碰胶液，以免影响粘贴质量；滚压时力度要均匀，避免局部受力过大导致应变片损坏；粘贴完成后需仔细检查应变片是否牢固粘贴，确保无气泡、翘曲或脱胶现象；测试前需确认应变片的阻值和绝缘电阻符合要求；环境温度较低时需采取保温措施。

⑥ 接线与防潮措施：接线时避免引线接触试件表面，防止短路；使用绝缘胶带包扎引线，并在接头处涂覆密封剂。

3.11.5　实验过程中常见问题及解决方法

（1）粘贴不牢固

原因：黏结剂选择不当或表面处理不到位。

解决方法：选择适合的黏结剂（如 Plexus MA310 胶水），并确保表面清洁、无油污。

（2）气泡产生

原因：胶水涂抹不均匀或固化速度过快。

解决方法：均匀涂抹胶水，并适当延长固化时间。

（3）绝缘电阻低

原因：导线与应变片接触不良或防潮层破损。

解决方法：重新焊接导线并检查防潮层完整性。

（4）非线性误差

原因：应变片粘贴角度不正确或受力方向不一致。

解决方法：调整应变片的粘贴角度，使其与受力方向平行。

（5）温度漂移

原因：环境温度变化导致应变片电阻值变化。

解决方法：采用温度补偿技术，如使用温度补偿线圈或选择耐温性能更好的黏结剂。

（6）重复粘贴问题

原因：多次粘贴可能导致黏结剂性能下降。

解决方法：减少重复粘贴次数，选择性能更稳定的黏结剂。

3.11.6　影响电阻应变片粘贴质量的因素

（1）黏结剂性能

黏结剂是实现应变片与被测物体之间良好接触的关键。不同类型的黏结剂在黏附力、耐久性和导电性方面存在差异。例如，Plexus MA310 胶水具有较好的耐久性和稳定性。

（2）基底材料

基底材料的选择直接影响应变片的灵敏度和稳定性。常用的基底材料包括陶瓷、塑料和金属等。

（3）敏感栅结构

敏感栅的几何参数（如栅长、栅宽和栅间距）会影响应变传递效率。研究表明，栅长越长、栅宽越窄的敏感栅越有利于提高应变传递效率。

（4）环境条件

温度、湿度和振动等环境因素会对应变片的性能产生影响。例如，在低温环境下，某些黏结剂的黏附力会下降。

 思考题

① 简述选片原则是什么。
② 简述贴片的过程、步骤及要求。
③ 预埋应变片时，应如何进行防潮处理？

3.12 电阻应变片灵敏系数 k 的标定

3.12.1 实验目的

① 了解电阻应变片的相对电阻变化与所受应变之间的关系。
② 掌握电阻应变片灵敏系数的测定方法。

3.12.2 实验仪器和设备

① 等强度悬臂梁或等弯矩梁装置。
② 游标卡尺、钢板尺、三点挠度计。
③ 电桥、标准电阻、机械式应变仪或电阻应变仪。

3.12.3 实验原理

电阻应变片灵敏系数 k 的标定是应变测量领域中的关键步骤，其准确性和稳定性直接影响到测量结果的可靠性。

（1）灵敏系数 k 的定义与物理意义

灵敏系数 k 是描述应变片在单轴应力作用下，电阻变化与应变之间比例关系的重要参数。其定义为

$$k = \frac{\Delta R}{R_0 \varepsilon}$$

式中，ΔR 为应变片电阻的变化量；R_0 为应变片的初始电阻值；ε 为构件的轴向应变。

为了提高灵敏系数的计算精度，可以采用以下修正公式：

$$k = \frac{R - R_0}{R_0 \varepsilon} + \frac{\Delta R}{R_0^2} \times \left(1 - \frac{\varepsilon}{E}\right)$$

式中，E 为弹性模量；$\dfrac{\Delta R}{R_0^2}$ 为考虑材料非线性效应的修正项。

对于金属丝材料，其灵敏系数 k_0 是指单位应变引起的电阻变化量与应变的比值。制成应变片后由于敏感栅结构、粘贴方式及材料特性的影响，灵敏系数 k 常小于 k_0，即：

金属应变丝：$\Delta R/R = k_0 \varepsilon$；

应变片（$k < k_0$）：$\Delta R/R = k\varepsilon$。

灵敏系数 k 的大小直接决定了应变片对实际应变的响应能力，因此其标定的准确性至关重要。灵敏系数 k 是量纲一的，通常用微应变（$\mu\varepsilon$）表示（例如 $k = 2.0 \times 10^{-6}$ 表示每微应变引起的电阻变化量为 2.0Ω），即

$$k = \frac{1 + \dfrac{\Delta R}{R_0}}{\varepsilon}$$

金属材料的灵敏系数一般在 1.7 到 3.6 之间，而半导体材料的灵敏系数则更高，通常在 150 至 200 之间。

（2）灵敏系数 k 的影响因素

灵敏系数 k 的大小受多种因素的影响，包括材料特性、结构设计、环境条件等。

① 材料特性。灵敏系数 k 主要取决于应变片敏感栅的材料性质。金属应变片的灵敏系数由其电阻丝材料决定，而半导体应变片的灵敏系数则由压阻效应决定。此外，不同材料的灵敏系数差异显著，例如铜合金的灵敏系数较高，而大多数金属材料的灵敏系数较低。

② 几何尺寸。应变片的几何尺寸（如长度、宽度和厚度）会影响其灵敏度。较小的几何尺寸通常会提高灵敏度，但同时也会增加横向效应的影响。

③ 横向效应。横向效应是指应变片在受到轴向应变的同时，还受到横向应变的影响。这种效应会导致灵敏系数下降。金属应变片的横向效应显著，而半导体应变片的横向效应较小，因此灵敏系数更高。

④ 粘贴条件。应变片的粘贴质量直接影响测量结果。如果粘贴不均匀或存在气泡，会导致测量误差。因此，在粘贴过程中需要确保胶层均匀且牢固。

⑤ 温度和湿度。温度和湿度的变化会影响应变片的电阻值，从而改变灵敏系数。例如，高温下某些敏感材料的灵敏系数会下降。

⑥ 加载方式。加载方式（如单轴加载或复杂加载）也会影响灵敏系数的测量结果。在复杂加载条件下，应变片可能无法完全反映构件的真实应变状态。

（3）灵敏系数的标定方法

灵敏系数 k 的标定中常用的方法包括以下几种。

1）等强度梁法

一般采用轴向应变已知或有简单解析解的力学模型为试件，例如纯弯曲梁、等强度梁均可。我们选用后者。

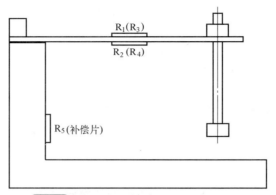

图 3-37　等强度梁截面形状及应变片布置示意图

如图 3-37 所示，在等强度梁的上、下表面，沿梁纵向轴线方向粘贴 4 片应变片，在中间安装挠度仪，根据材料力学公式和几何关系，可以写出梁轴向应变：

$$\varepsilon = \frac{4fh}{L_1^2}$$

式中，f 为梁端挠度；h 为梁的厚度；L_1 为梁的跨度。

应变计的相对电阻变化 $\dfrac{\Delta R}{R}$，是与原始电阻比较而得到，也可采用电阻应变仪测出指示应变 $\varepsilon_{仪}$，并根据应变仪所设的灵敏系数 $k_{仪}$ 求得，即

$$\frac{\Delta R}{R} = k_{仪}\varepsilon_{仪}$$

则应变片的灵敏系数为

$$k = \frac{k_{仪}\varepsilon_{仪}}{\varepsilon}$$

综合上述公式可得到

$$k = \frac{L^2 k_{仪}}{4h} \times \frac{\varepsilon_{仪}}{f}$$

等强度梁法是一种常用的灵敏系数标定方法，通过在梁上施加已知大小的力，使梁产生已知的应变，从而计算出灵敏系数 k。具体步骤如下：

① 将应变片贴在梁的受力部位，并确保其方向与受力方向一致；

② 在梁的一端施加已知大小的力 F，并测量梁另一端的位移；

③ 根据梁的几何参数和材料特性，计算出梁的应变值 ε；

④ 测量应变片的电阻变化量 ΔR，并结合公式 $k = \dfrac{\Delta R}{R_0 \varepsilon}$ 计算灵敏系数。

2）并联电阻箱法

并联电阻箱法利用电桥平衡原理，将待测应变片与标准电阻并连接入电桥电路中，通过调整电阻箱中的电阻值，使电桥达到平衡状态，从而标定灵敏系数 k。这种方法简单易行，但对

标准电阻的要求较高。具体步骤如下：

① 将应变片接入电桥的一个臂中，另一臂接入可调电阻箱；

② 通过改变电阻箱中的电阻值，使电桥输出电压达到零点；

③ 记录此时的电阻值变化量 ΔR，并结合已知的应变值 ε，计算灵敏系数 k。

3）电位差计法

电位差计法通过测量应变片在不同应变下的电压变化，间接计算出灵敏系数 k。如使用高精度电桥（如惠斯通电桥）测量微小的电阻变化。通过测量应变片在不同应变下的电阻变化量，结合已知的标准电阻值，计算出灵敏系数 k。这种方法精度较高，适用于高精度测量。具体步骤如下：

① 将应变片接入电位差计电路中；

② 在试件上施加已知大小的力，使应变片产生已知的应变；

③ 测量电位差计输出的电压变化量 U，并结合公式 $k = \varepsilon U$ 计算灵敏系数。

4）动态标定法

在动态加载（如振动或冲击）条件下，测量应变片的响应特性，并结合理论模型计算灵敏系数 k。这种方法适用于动态测量场景。

3.12.4　实验步骤及注意事项

（1）实验步骤

1）安装设备

将等强度梁装置固定在试验台上，用钢尺或游标卡尺测量梁的跨度 L_1 和厚度 h，安装三点挠度仪和温度补偿块。

2）粘贴应变片

根据实验要求，在梁的上、下表面粘贴应变片，并确保应变片与梁表面紧密贴合，避免气泡和空隙，确保粘贴牢固。将应变片接入静态电阻应变仪，采用桥路接法（如半桥或全桥），将应变片按序号接入电阻应变仪测试通道的 AB 端上，并将温度补偿片接入电阻应变仪测试通道的 BC 端上，以消除温度效应。调节好灵敏系数。

3）设计实验方案

先选取合适的初载荷 F_0（F_0 为 F_{max} 的 10% 左右），确定挠度仪上的千分表的初读数，估算最大载荷 F_{max}（$F_{max} \leqslant 75N$）。

4）加载与测量

使用实验装置对试件施加载荷，均匀加载到初载荷 F_0，记录应变仪和千分表上的读数。采用等量加载，分 3～6 次完成，每次加载后读取数据，直至最终载荷。

5）计算灵敏系数 k

根据公式 $k = \dfrac{L^2 k_{仪}}{4h} \times \dfrac{\varepsilon_{仪}}{f}$，计算出灵敏系数 k。

（2）注意事项

① 确保加载均匀且稳定；

② 避免横向效应的影响；
③ 测量过程中保持环境温度和湿度恒定。

3.12.5 实验结果的处理

记录下每次增加载荷时，梁端的挠度和应变仪读数（表3-35），计算出实验结果。

表 3-35 实验数据

载荷/N		F				
		ΔF				
应变仪读数/ με	R_1	ε_1				
		$\Delta\varepsilon_1$				
		平均值				
	R_2	ε_2				
		$\Delta\varepsilon_2$				
		平均值				
	R_3	ε_3				
		$\Delta\varepsilon_3$				
		平均值				
	R_4	ε_4				
		$\Delta\varepsilon_4$				
		平均值				
挠度值		f				
		Δf				
		平均值				

数据分析：根据实验数据，可以计算出灵敏系数 k，并与理论值进行对比分析。

取每次加载应变仪读数差 $\Delta\varepsilon$ 的平均值、挠度读数差 Δf 的平均值，可计算应变片的灵敏系数：

$$k_i = \frac{L^2 k_0}{4h} \times \frac{\varepsilon_{di}}{f_i} \qquad (i=1,2,\cdots,n)$$

计算应变片的平均灵敏系数：

$$\bar{k} = \frac{\sum k_i}{n} \qquad (i=1,2,\cdots,n)$$

计算应变片灵敏系数的标准差：

$$S = \sqrt{\frac{1}{n-1}\sum_{i=1}^{n}\left(k_i - \bar{k}\right)^2}$$

实验结果表明，通过合理设计实验方案和严格控制实验条件，可以获得高精度的灵敏系数数据。此外，温度补偿块的应用有效消除了温度变化对测量结果的影响，提高了实验的准确性。

 思考题

① 影响灵敏系数测量的因素有哪些？

② 可以用纯弯曲梁来标定应变片的灵敏系数吗？

第4章

理论力学实验

 本章知识导图

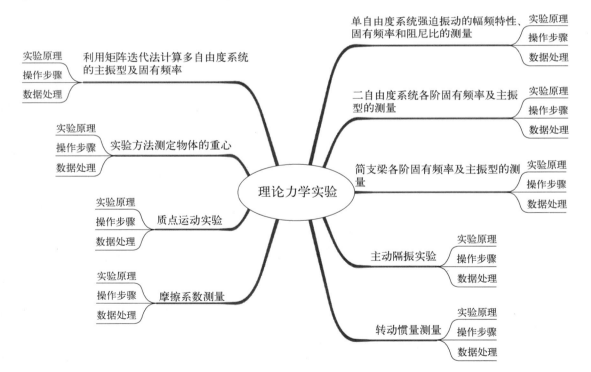

本章学习目标

应掌握的内容：

力、质量、速度、加速度等力学基本概念；牛顿运动定律、动量守恒定律、能量守恒定律；摩擦力、法向力的概念，重力与法向力的关系；物体在不同轨道上的运动时间、质量和速度的关系，势能和动能的变化。

应熟悉的内容：

各种测量工具（如秒表、天平、数字米尺等）的使用方法；质点、质点系、刚体运动的基本规律和研究方法；动能、势能、机械能的概念及其转化，摩擦力、碰撞、浮力等力学现象的原理。

应了解的内容：

理论力学的发展史，相关物理定律及其适用范围，以及在现代物理理论中的作用和地位；虚拟电子实验平台的应用。

4.1　单自由度系统强迫振动的幅频特性、固有频率和阻尼比的测量

4.1.1　实验目的

① 学会测量单自由度系统强迫振动的幅频特性曲线。
② 学会根据幅频特性曲线确定系统的固有频率 f_0 和阻尼比。

4.1.2　实验仪器和设备

图 4-1 为本实验装置的框图。

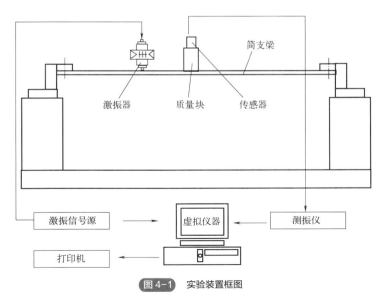

图 4-1　实验装置框图

4.1.3 实验原理

如图 4-2 所示，A_{max} 为系统共振时的振幅；f_0 为系统固有频率，f_1、f_2 为半功率点频率。振幅为 A_{max} 时的频率叫共振频率 f_a。在有阻尼的情况下，共振频率为

$$f_a = f_0\sqrt{1 - 2\xi^2}$$

式中，ξ 为阻尼比。

当阻尼较小时，$f_a \approx f_0$，故以固有频率 f_0 作为共振频率 f_a。在小阻尼情况下可得

$$\xi = \frac{f_2 - f_1}{2f_0}$$

f_1、f_2 的确定如图 4-2 所示。

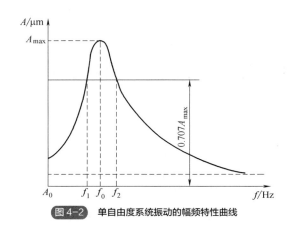

图 4-2 单自由度系统振动的幅频特性曲线

单自由度系统的力学模型如图 4-3 所示。在正弦激振力的作用下系统做简谐强迫振动，设激振力 F 的幅值为 B、圆频率为 ω_o（频率 $f = \omega/2\pi$），系统的运动微分方程为

$$M\frac{\mathrm{d}^2 x}{\mathrm{d}t^2} + C\frac{\mathrm{d}x}{\mathrm{d}t} + Kx = F$$

或

$$\frac{\mathrm{d}^2 x}{\mathrm{d}t^2} + 2n\frac{\mathrm{d}x}{\mathrm{d}t} + \omega^2 x = F/M \qquad (4\text{-}1)$$

$$\frac{\mathrm{d}^2 x}{\mathrm{d}t^2} + 2\xi\omega\frac{\mathrm{d}x}{\mathrm{d}t} + \omega^2 x = F/M$$

式中　ω——系统固有频率，$\omega^2 = K/M$；

　　　n——阻尼系数，$2n = C/M$；

　　　ξ——阻尼比，$\xi = n/\omega$；

　　　F——激振力，$F = B\sin(\omega_o t) = B\sin(2\pi ft)$。

式（4-1）的特解，即强迫振动为

$$x = A\sin(\omega_0 - \varphi) = A\sin(2\pi ft) \qquad (4\text{-}2)$$

式中　A——强迫振动幅值；

　　　φ——初相位。

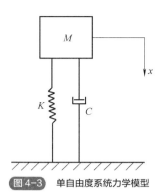

图 4-3　单自由度系统力学模型

$$A = \frac{B/M}{(\omega^2 - \dot{\omega}_0^2)^2 + 4n^2\omega_0^2} \tag{4-3}$$

式（4-3）叫作系统的幅频特性表达式。将式（4-3）所表示的振动幅值与激振频率的关系用图形表示，称为幅频特性曲线。

4.1.4　实验步骤

① 将速度传感器置于简支梁上，其输出端接测振仪，用以测量简支梁的振动幅值。

② 将电动式激振器接入激振信号源输出端，开启激振信号源的电源开关，对简支梁系统施加交变正弦振动。

③ 调整激振信号源输出信号的频率，并从测振仪上读出该频率及其对应的幅值。

④ 利用虚拟示波器找出 A_{max} 值，然后用虚拟式 FFT 分析仪作该幅值信号的频谱，求出共振频率 f_a，这里 $f_a = f_0$，从而求出系统固有频率。

⑤ 求出幅值 $0.707A_{max}$，然后在 FFT 分析仪的频谱中找到对称于 f_0 的两个频率 f_1 和 f_2，从而可求出阻尼比。

4.1.5　实验结果的处理

完成表 4-1。

表 4-1　频率与振幅

频率/Hz											
振幅/μm											

① 根据表 4-1 中的实验数据绘制系统强迫振动的幅频特性曲线。

② 确定系统固有频率 f_0（幅频特性曲线共振峰的最高点对应的频率近似等于系统固有频率）。

③ 确定阻尼比。按图 4-2 所示计算 $0.707A_{max}$，然后在幅频特性曲线上确定 f_1、f_2，计算出阻尼比。

4.2 二自由度系统各阶固有频率及主振型的测量

4.2.1 实验目的

① 学会用共振法确定二自由度系统的各阶固有频率。

② 观察二自由度系统的各阶振型。

③ 将实验所测得的各阶固有频率、振型与理论计算值比较。

4.2.2 实验仪器和设备

图 4-4 为本实验装置的框图。

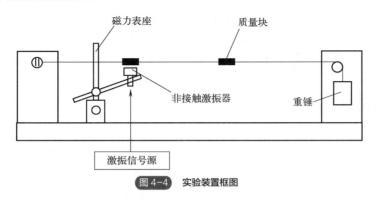

图 4-4 实验装置框图

4.2.3 实验原理

二自由度系统的力学模型如图 4-5 所示。把两个钢质量块 m_A、m_B（集中质量 $m_A=m_B=m$）固定在钢丝绳上，钢丝绳张力 T 用不同重量重锤来调节，从而构成一弦上有集中质量的横振动系统。忽略钢丝绳的质量，便得到一个二自由度系统的模型。

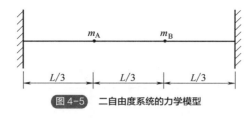

图 4-5 二自由度系统的力学模型

这样一个二自由度系统具有两个固有频率。当给系统一个激振力时，系统发生振动，该振动是两个主振型的叠加。当激振频率等于某一阶固有频率时，系统的振动就是这一阶固有频率的主振型，而另一阶振型的影响可忽略不计。在测定系统的固有频率时，需要连续调整激振频率，使系统出现某阶振型且振幅达到最大，此时的激振频率即是该阶固有频率。

由振动理论知：

$$M \frac{\mathrm{d}^2 x}{\mathrm{d}t^2} + kx = 0$$

式中，M 为质量矩阵：

$$M = \begin{bmatrix} m & 0 \\ 0 & m \end{bmatrix}$$

k 为刚度矩阵：

$$k = \begin{bmatrix} 6T/L & -3T/L \\ -3T/L & 6T/L \end{bmatrix} = \frac{T}{L}\begin{bmatrix} 6 & -3 \\ -3 & 6 \end{bmatrix}$$

一阶固有频率：

$$\omega_1^2 = \frac{3T}{mL}, \quad f_1 = \frac{1.732}{2\pi}\sqrt{\frac{T}{mL}}$$

二阶固有频率：

$$\omega_2^2 = \frac{9T}{mL}, \quad f_2 = \frac{3}{2\pi}\sqrt{\frac{T}{mL}}$$

式中，弦上集中质量 $m=0.0045\text{kg}$；弦丝长度 $L=0.625\text{m}$；固有频率 $f_i = \frac{\omega_i}{2\pi}$，Hz。

进一步可计算出各阶主振型 A_i（$i=1,2$），各阶主振型如图 4-6 所示。

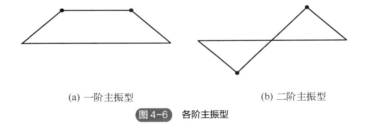

(a) 一阶主振型　　　　　　　　　　　　(b) 二阶主振型

图 4-6　各阶主振型

4.2.4　实验步骤

① 将非接触激振器接入激振信号源输出端，把激振器对准钢质量块 A 或 B，保持一定的初始间隙（8~10mm），使振动时激振器不碰撞质量块。

② 用 1kg 或 2kg 的重锤调整所需张力 T，张力 T 不同，测得的固有频率不同。

③ 开启激振信号源，对系统施加交变正弦激振力，使系统产生振动，调整信号源的输出调节开关时注意不要过载。

④ 激振频率由低到高逐渐增加，当观察到系统出现如图 4-6 所示的第一阶振型且振幅最大时，激振信号显示的频率就是系统的一阶固有频率 f_1。依此类推，可得到如图 4-6 所示的第二阶振型和二阶固有频率 f_2。

4.2.5　实验结果的处理

① 完成表 4-2。

表 4-2　不同张力下各阶固有频率的理论计算值与实测值

弦丝张力	$T=1\times9.8$（N）		$T=2\times9.8$（N）	
固有频率	f_1/Hz	f_2/Hz	f_1/Hz	f_2/Hz
理论值				
实测值				

② 给出观察到的二自由度系统振型曲线。

③ 将理论计算出的各阶固有频率、理论振型与实测固有频率、实测振型相比较,是否一致? 产生误差的原因是什么?

4.3　简支梁各阶固有频率及主振型的测量

4.3.1　实验目的

① 用共振法确定简支梁的各阶固有频率和主振型。
② 将实验所测得的各阶固有频率、振型与理论值比较。

4.3.2　实验仪器和设备

正弦激振实验装置及仪器的安装如图 4-7 所示,电动激振器安装在支架上, 激振方式是相对激振。激振点和各拾振点的位置（1～13）如图 4-7 所示,激振点的选取原则是保证不过分靠近二、三阶振型的结点,使各阶振型都能受到激励。

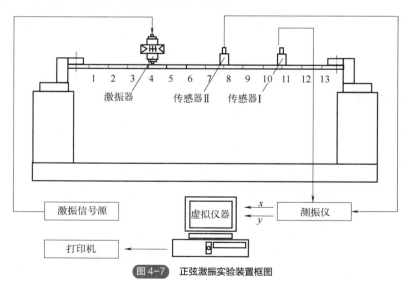

图 4-7　正弦激振实验装置框图

4.3.3　实验原理

本实验的模型是一矩形截面简支梁（如图 4-8 所示）,它是一无限自由度系统。从理论上说,它应有无限个固有频率和主振型，在一般情况下，梁的振动是无穷多个主振型的叠加。如果给梁施加一个合适大小的激扰力，且该力的频率正好等于梁的某阶固有频率，就会产生共振，对应于这一阶固有频率的确定的振动形态叫作一阶主振型，这时其他各阶振型的影响小得可以忽略不计。

　　用共振法确定梁的各阶固有频率及振型，首先要找到梁的各阶固有频率，并让激扰力频率等于某阶固有频率，使梁产生共振。然后，测定共振状态下梁各测点的振动幅值，从而确定某一阶主振型。实际上，我们关心的通常是最低的几阶固有频率及主振型，本实验就是用共振法来测量简支梁的一、二、三阶固有频率和振型。

　　由弹性体振动理论可知，对于图 4-8 所示的简支梁，横向振动固有频率理论解为

$$f_0 = 49.15 \frac{1}{L^2} \sqrt{\frac{EJ}{A\rho}} \ (\text{Hz}) \tag{4-4}$$

式中　L——简支梁长度，mm；

　　　E——材料弹性系数，N/mm^2；

　　　A——梁横截面面积，mm^2；

　　　ρ——材料密度，kg/mm^3；

　　　J——梁截面弯曲惯性矩，mm^4。

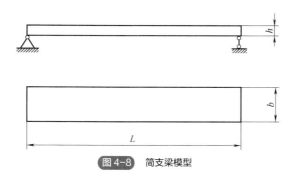

图 4-8　简支梁模型

　　对矩形截面，弯曲惯性矩：

$$J = \frac{bh^3}{12} \ (\text{mm}^4) \tag{4-5}$$

式中　b——梁横截面宽度，mm；

　　　h——梁横截面高度，mm。

　　本实验取

　　　　L=60cm，b=5cm，h=0.8cm，E=2×10^{6}N/cm^2，ρ=0.0078kg/cm^3

　　各阶固有频率 f_i 之比：

$$f_1 : f_2 : f_3 : f_4 : \cdots = 1 : 2^2 : 3^2 : 4^2 : \cdots \tag{4-6}$$

　　通过理论计算可得简支梁的一、二、三阶主振型如图 4-9 所示。

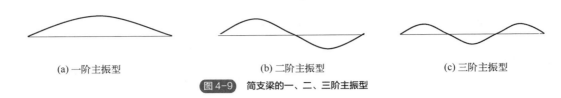

| (a) 一阶主振型 | (b) 二阶主振型 | (c) 三阶主振型 |

图 4-9　简支梁的一、二、三阶主振型

4.3.4　实验步骤

① 沿梁长度选定测点并做好标记。选某测点为参考点，将传感器 I 固定置于参考点，专门测量参考点的参考信号。传感器 II 用于测量其余测点的位移响应振幅值。

② 相位可直接由示波器或相位计测定。粗略判断相位时，可用李萨如图形法来判断参考点是否有同相或反相分量。例如，对于图 4-9 所示的一阶振型，各测点的振动位移幅值对于参考点均为同相分量，示波器中出现的李萨如图是一直线或一椭圆，直线或长轴方向始终在某一象限；若直线或长轴方向转到另一象限，则说明有了反相分量，在同相分量点与反相分量点间，必有一振幅值接近零的结点，如图 4-9 所示的二、三阶振型的结点。

③ 将电动激振器接入激振信号源输出端。开启激振信号源的电源，对系统施加交变正弦激振力，使系统产生振动，调整信号源的输出调节开关便可改变振幅大小。调整信号源的输出调节开关时注意不要过载。

④ 调整信号源，使激振频率由低到高逐渐增加，当激振频率等于系统的第一阶固有频率时，系统产生共振，测点振幅急剧增大。将各测点振幅记录下来，根据各测点振幅便可绘出第一阶振型图，信号源显示的频率就是系统的第一阶固有频率。同理，可得到二、三阶固有频率和第二、三阶振型。

4.3.5　实验结果的处理

完成表 4-3、表 4-4。

表 4-3　固有频率

固有频率	f_1/Hz	f_2/Hz	f_3/Hz
理论值			
实测值			

表 4-4　各测点不同振型对应的幅值　　　　　　　　　　　　　　　　单位：μm

振型	测点												
	1	2	3	4	5	6	7	8	9	10	11	12	13
一阶振型													
二阶振型													
三阶振型													

注：第 1、13 点位于简支梁的支点处。

① 绘出观察到的简支梁振型曲线。

② 将根据理论计算出的各阶固有频率、理论振型与实测各阶固有频率、实测振型相比较，是否一致？产生误差的原因在哪里？

4.4　主动隔振实验

4.4.1　实验目的

① 建立主动隔振的概念。

② 掌握主动隔振的基本方法。

③ 学会测量、计算主动隔振系数和隔振效率。

4.4.2　实验仪器和设备

图 4-10 为本实验装置框图。

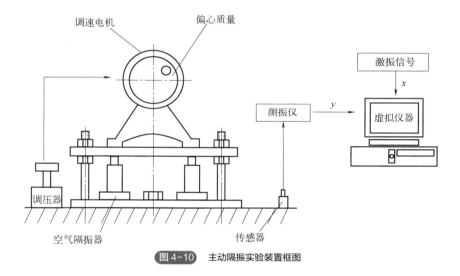

图 4-10　主动隔振实验装置框图

4.4.3　实验原理

在厂况中，运行中的机器是很大的振源，振动通过机脚、支座传至基础或基座。主动隔振就是隔离振源，使振源的振动经过减振后再传递出去，从而减小振源振动对周围环境和设备的影响。主动隔振又称为积极隔振或动力隔振。

隔振的效果通常用隔振系数 η 和隔振效率 E 来衡量。

（1）隔振系数

隔振系数定义式为

$$\eta = \frac{\text{隔振后传给基础的力幅} F_2}{\text{隔振前传给基础的力幅} F_1} \tag{4-7}$$

由式（4-7）可知，测量主动隔振的隔振系数涉及动载荷的测量，测试较复杂，要精确测量很困难。在工程实际中，测量主动隔振系数常用间接方法，具体方法有两种：

方法一：振幅无法实际测试时，通过隔振系统的固有频率 f_0、阻尼比 ξ 和激振频率 f_1 计算

隔振系数，即

$$\eta = \sqrt{\frac{1+(2\xi\lambda)^2}{(1-\lambda^2)^2+(2\xi\lambda)^2}} \qquad (4\text{-}8)$$

其中

$$\xi = \frac{1}{2\pi}\ln\frac{A_1}{A_2}, \quad \lambda = \frac{f_1}{f_0}$$

式中，A_1、A_2 为隔振前、后基础的振幅。

方法二：振幅可实际测试时，通过隔振前、后基础的振幅 A_1、A_2 计算隔振系数，即

$$\eta = \frac{A_2}{A_1} \qquad (4\text{-}9)$$

当已安装了隔振器再测量隔振前基础的振动时，为避免拆掉隔振器的麻烦（有的不允许再拆），可采用垫刚性物块的办法，将隔振器"脱离"，然后测基础振动。这种方法带来的误差不是太大，本实验也采用了这一方法。

（2）隔振效率

隔振效率 E 定义式为

$$E = (1-\eta) \times 100\% \qquad (4\text{-}10)$$

当频率比 λ 满足 $0 < \lambda < \sqrt{2}$ 时，$\eta > 1$，即 $A_2 > A_1$，隔振器不起隔振作用；当频率比 $\lambda > \sqrt{2}$ 时，即 $A_2 < A_1$，隔振器起到了隔振作用。当频率比趋于 1 时，即 $f_1 = f_0$ 时，振动幅值很大，这一现象叫共振。共振时，被隔离体系不可能正常工作。$\lambda = 0.8 \sim 1.2$ 为共振区，消除共振必须减小或增加 5% 的频率，所以无论阻尼大小，只有当 $\lambda > \sqrt{2}$ 时，隔振器才起作用，隔振系数的值才小于 1。因此，要达到主动隔振目的，弹性支承固有频率 f_0 的选择必须满足 $f_1/f_0 > \sqrt{2}$。当 $f_1/f_0 > \sqrt{2}$ 时，随着频率比的不断增大，隔振系数值越来越小，即隔振效果越来越好。但 f_1/f_0 也不宜过大，因为 f_1/f_0 大则意味着隔振装置要设计得很柔软，静挠度要很大，相应的体积要做得很大，并且安装的稳定性也差，容易摇晃；另一方面，$f_1/f_0 > 5$ 后，η 值的变化并不明显，这表明即使弹性支承设计得更软，也不能指望隔振效果有显著的改善。故实际中一般采用 $f_1/f_0 = 3 \sim 5$，相应的隔振效率 E 可达到 80%～90%，甚至 90% 以上。

4.4.4　实验步骤

① 松开隔振器上平台的四颗螺母，用虚拟式 FFT 分析仪测量出隔振系统的固有频率 f_0。然后开动调速电机，调至一定转速后，用以上方法测量出激振频率 f_1 和阻尼比 ξ。

② 锁紧隔振器平台上的螺母，使隔振器不起作用，测量出隔振前基础振幅 A_1。然后松开隔振器上平台的螺母，使隔振器起作用，测量出隔振后基础振幅 A_2。

③ 根据实验数据计算隔振系数和隔振效率。

4.4.5　实验结果的处理

完成表 4-5、表 4-6。

表 4-5　实验数据（一）

调节器电压/V					
隔振前基础振幅/μm					
隔振后基础振幅/μm					

表 4-6　实验数据（二）

隔振器固有频率 f_0/Hz	激振频率 f_1/Hz	阻尼比 ξ	$\lambda=\dfrac{f_1}{f_0}$	隔振前基础振幅 A_1/μm	隔振后基础振幅 A_2/μm

① 根据方法一，按式（4-8）、式（4-10）计算出隔振系数 η 和隔振效率 E。
② 根据方法二，按式（4-9）、式（4-10）计算出隔振系数 η 和隔振效率 E。
③ 对两种结果进行对比分析。

4.5　利用矩阵迭代法计算多自由度系统的主振型及固有频率

4.5.1　实验目的

① 了解一般矩阵迭代的具体实施过程。
② 明确掌握矩阵迭代初始向量选取方法的重要性。
③ 学会用矩阵迭代的方法计算多自由度系统的主振型及固有频率。

4.5.2　实验仪器和设备

① 计算机；
② 一个编程开发平台（如 TC、FORTRAN 等）。

4.5.3　实验原理

求多自由度系统的固有频率和模态是振动分析的主要内容。随着自由度的增加，计算系统的固有频率和模态难度增大。借助计算机并采用近似解能有效解决这个问题。下面介绍用矩阵迭代法求系统的最低几阶固有频率和模态。

（1）第一阶模态及固有频率

对于系统的任意阶固有频率和模态都有

$$Mu^{(i)} - \lambda_i Ku^{(i)} = 0$$

式中，λ_i 的定义为第 i 阶固有频率平方的倒数，$\lambda_i = \dfrac{1}{\omega_i^2}$；$K$ 为刚度矩阵；M 为质量矩阵；$u = \begin{bmatrix} u^{(1)} & u^{(2)} & \cdots & u^{(n)} \end{bmatrix}$，为模态矩阵。

用 $K^{-1} = A$ 左乘上式，得

$$(AM - \lambda_i AK)u^{(i)} = 0 \Rightarrow Du^{(i)} = \lambda_i u^{(i)}$$

式中，$D = AM$，称为动力矩阵，一般来说 D 不是对称矩阵。

任选系统的一个假定模态 w，它一般不是真实模态，但总能表示为真实模态的线性组合：

$$w = C_1 u^{(1)} + C_2 u^{(2)} + \cdots + C_n u^{(n)} = \sum_{i=1}^{n} C_i u^{(i)} = uC$$

式中，$C = \begin{bmatrix} C_1 & C_2 & \cdots & C_n \end{bmatrix}^{\mathrm{T}}$。

上式左乘 D 矩阵，得到

$$Dw = \sum_{i=1}^{n} C_i Du^{(i)} = \sum_{i=1}^{n} C_i \lambda_i u^{(i)} = \lambda_1 \left[C_1 u^{(1)} + \sum_{i=2}^{n} C_i \frac{\lambda_i}{\lambda_1} u^{(i)} \right]$$

上式再左乘一次 D 矩阵，得到

$$D(Dw) = D^2 w = \lambda_1 \left[C_1 Du^{(1)} + \sum_{i=2}^{n} C_i \frac{\lambda_i}{\lambda_1} Du^{(i)} \right]$$

$$w = C_1 u^{(1)} + C_2 u^{(2)} + \cdots + C_n u^{(n)}$$

$$D(Dw) = D^2 w = \lambda_1 \left[C_1 Du^{(1)} + \sum_{i=2}^{n} C_i \frac{\lambda_i}{\lambda_1} Du^{(i)} \right]$$

$$= \lambda_1 \left[C_1 \lambda_1 u^{(1)} + \sum_{i=2}^{n} C_i \frac{\lambda_i^2}{\lambda_1} u^{(i)} \right]$$

$$= \lambda_1^2 \left[C_1 u^{(1)} + \sum_{i=2}^{n} C_i \left(\frac{\lambda_i}{\lambda_1} \right)^2 u^{(i)} \right]$$

k 次左乘 D 矩阵（相当于 k 次迭代）后：

$$D^k w = \lambda_1^k \left[C_1 u^{(1)} + \sum_{i=2}^{n} C_i \left(\frac{\lambda_i}{\lambda_1} \right)^k u^{(i)} \right]$$

由于 $\frac{\lambda_i}{\lambda_1} < 1$，$i = 2, 3, \cdots, n$，每做一次迭代，上式括号内第一项的优势地位就加强一次。

迭代次数愈多，上式括号内第二项所包含的高于一阶的模态成分所占比例愈小。

将 $D^k w$ 作为一阶模态的 k 次近似，记作 w_k，则矩阵迭代法的计算公式为

$$w_1 = Dw$$

$$w_2 = D^2 w = Dw_1$$

$$\cdots\cdots$$

$$w_k = D^k w = Dw_{k-1}$$

当迭代次数足够大，除一阶模态以外的其余高阶模态成分小于容许误差时，即可将高阶模态成分略去，得到

$$D^k w \approx \lambda_1^k C_1 u^{(1)}$$

于是 k 次迭代后的高阶模态近似等于第一阶真实模态。对 w_k 再做一次迭代，得到

$$w_{k+1} = D^{k+1} w = Dw^k$$

在 w_k 和 w_{k+1} 中任选第 j 个元素 $w_{j,k}$ 和 $w_{j,k+1}$，其比值关系如下：

$$w_{j,k+1} = \lambda w_{j,k}$$

经 k 次矩阵迭代，可算出系统的基频 ϖ_1：

$$D^k w = \lambda_1^k \left[C_1 u^{(1)} + \sum_{i=2}^{n} C_i \left(\frac{\lambda_i}{\lambda_1} \right)^k u^{(i)} \right] \approx \lambda_1^k C_1 u^{(1)} \qquad （第一阶模态）$$

$$w_1 = Dw$$

$$w_2 = D^2 w = Dw_1$$

$$\cdots\cdots$$

$$w_k = D^k w = Dw_{k-1}$$

$$w_k \approx \lambda_1^k C_1 u^{(1)}, \quad w_{k+1} \approx \lambda_1 w_k, \quad w_{j,k+1} = \lambda w_{j,k}$$

$$\Rightarrow \varpi_1 = \frac{1}{\sqrt{\lambda_1}} = \sqrt{\frac{w_{j,k}}{w_{j,k+1}}} \qquad （第一阶固有频率）$$

在具体计算过程中，除计算基频的公式以外，前 k 次迭代均应进行归一化。如使每个模态的最后元素成为 1，使得各次迭代的模态之间具有可比性，也避免计算过程中模态迭代的数值过大或过小。第 $k+1$ 次迭代后，不需归一化，以算出基频。

（2）高阶模态及固有频率

在模态分析中，可以通过迭代的方式逐步求解不同阶的模态和固有频率。这种方法的核心在于每次迭代时，通过剔除已计算的模态成分，从而收敛到下一阶模态。所以用以上方法求出系统的第一阶模态和第一阶固有频率后，可利用同样方法计算第二阶模态和第二阶固有频率。

假设模态 w 中含有第一阶模态 $u^{(1)}$ 的成分 C_1，若假设 $C_1 = 0$，则迭代的结果：

$$D^k w = \sum_{i=2}^{n} C_i \lambda_i^k u^{(i)} = \lambda_2^k \left[C_2 u^{(2)} + \sum_{i=3}^{n} C_i \left(\frac{\lambda_i^k}{\lambda_2^k} \right) u^{(i)} \right]$$

趋于第二阶模态 $u^{(2)}$，因此求第二阶模态 $u^{(2)}$ 时，需使 w 中的 $C_1 = 0$，求第三阶模态 $u^{(3)}$ 时，需使 w 中的 $C_1 = C_2 = 0$。

只要在每次迭代时在试算的假设模态 w_k 中将所含 $u^{(1)}$ 部分剔除，则迭代将收敛到第二阶模态 $u^{(2)}$。利用模态的正交性，可以确保在每次迭代中只保留新的模态成分，而不影响已计算的模态。将表达式

$$w_1 = \sum_{i=1}^{n} C_i u^{(i)} = uC \qquad （4-11）$$

各项左乘 $u^{(1)\mathrm{T}} M$，得到

$$u^{(1)\mathrm{T}} M w_1 = C_1 u^{(1)\mathrm{T}} M u_1 + C_2 u^{(1)\mathrm{T}} M u_2 + \cdots + C_n u^{(1)\mathrm{T}} M u_n = C_1 \qquad （4-12）$$

其中

$$C_1 = u^{(1)\mathrm{T}} M w_1$$

用动力矩阵 D 左乘 w_1，可得

$$Dw_1 = C_1 \lambda_1 u^{(1)} + \sum_{i=2}^{n} C_i \lambda_i u^{(i)}$$

即
$$Dw_1 - C_1\lambda_1 u^{(1)} = \sum_{i=2}^{n} C_i\lambda_i u^{(i)} \qquad (4\text{-}13)$$

由式（4-11）～式（4-13）推导出

$$Dw_1 - \lambda_1 u^{(1)} u^{(1)\mathrm{T}} M w_1 = \sum_{i=2}^{n} C_i\lambda_i u^{(i)}$$

令

$$D^{(2)} = D - \lambda_1 u^{(1)} u^{(1)\mathrm{T}} M \qquad (4\text{-}14)$$

则有

$$D^{(2)} w_1 = \sum_{i=2}^{n} C_i\lambda_i u^{(i)} = C_2\lambda_2 u^{(2)} + \sum_{i=3}^{n} C_i\lambda_i u^{(i)} \qquad (4\text{-}15)$$

再左乘 $D^{(2)}$，则有

$$D^{(2)}(D^{(2)} w_1) = D\sum_{i=2}^{n} C_i\lambda_i u^{(i)} - \lambda_1 u^{(1)} u^{(1)\mathrm{T}} M \sum_{i=2}^{n} C_i\lambda_i u^{(i)} = \sum_{i=2}^{n} C_i\lambda_i^2 u^{(i)}$$

由式（4-11）、式（4-14）、式（4-15）推导出

$$(D^{(2)})^2 w_1 = \sum_{i=2}^{n} C_i\lambda_i^2 u^{(i)} = \lambda_2^2 \left[C_2 u^{(2)} + \sum_{i=3}^{n} C_i \left(\frac{\lambda_i}{\lambda_2} \right)^2 u^{(i)} \right]$$

即
$$(D^{(2)})^k w_1 = \lambda_2^k \left[C_2 u^{(2)} + \sum_{i=3}^{n} C_i \left(\frac{\lambda_i}{\lambda_2} \right)^k u^{(i)} \right]$$

即得到第二阶模态 $u^{(2)}$。

同样，在计算过程中每一次迭代均应进行归一化，最后可算出第二阶固有频率。

可以再用 $D^{(3)} = D^{(2)} - \lambda_2 u^{(2)} u^{(2)\mathrm{T}} M$ 作算子矩阵，计算得到第三阶模态和第三阶固有频率。

归纳得到：求前 s 阶模态和固有频率的算子矩阵为

$$D^{(s)} = D^{(s-1)} - \lambda_{s-1} u^{(s-1)} u^{(s-1)\mathrm{T}} M \quad (s = 2, 3, \cdots, n)$$

由求第一阶振型及第一阶固有频率的方法可知，继续迭代的结果必收敛到第二阶模态和第二阶固有频率。以同样方法原则上还可计算更高阶的模态和频率，但由于计算误差的积累，只有前几阶模态和频率有足够的精度。

从迭代过程看出，获得模态（收敛）的速度取决于 $(\lambda_i / \lambda_2)^k$（其中，$i = 2, 3, \cdots, n$）趋于零的速度，主要体现在两个方面：

一是 λ_1 比 λ_2 大多少，相差越大，收敛速度越快，迭代次数越少；

二是假定模态选取的准确性，w 越接近于第一模态 u_1，收敛速度越快，迭代次数越少。

有时从模型可以粗略推测第一阶模态中质量位移的比值关系。矩阵迭代有一个最大的优点——防止误差，即使某一步迭代发生误差，只是意味着以新的假设模态重新开始迭代，只不过延缓了收敛，但不会破坏收敛。

只要动力矩阵 D 正确，无论假定模态如何，总能得到近似解。

4.5.4 实验步骤

① 选择一种编程语言，实现矩阵迭代的算法。

② 自行选择 3~4 阶的一个刚度矩阵和一个质量矩阵，用数值计算的方法实现多自由度系统固有频率及主振型的矩阵迭代算法。

4.6　物体重心的测定实验

4.6.1　实验目的

① 通过实验加深对合力概念的理解。
② 用悬挂法测取不规则物体的重心位置。
③ 用称重法测取不规则物体的重心位置并用力学方法计算重量。

4.6.2　实验仪器和设备

① 不规则物体。
② 连杆模型。

4.6.3　实验原理

重心是物体的质心，即物体上所有质量的等效作用点。对于密度均匀的物体，重心位于几何中心；而对于密度不均匀的物体，重心可能偏离几何中心。由于物体重心的位置是固定不变的，实验中利用柔软细绳的受力特点和两力平衡原理，通过悬挂的方法可以确定物体的重心位置；再利用平面一般力系的平衡条件，可以测取杆件的重心和物体的重量。

重心的位置对物体的平衡和稳定性有重要影响。例如，在设计桥梁、建筑物时，准确测量重心对于确保结构安全至关重要；在工程和制造领域，重心的测量对于确保结构的稳定性和安全性至关重要；在船舶的设计中，重心位置直接影响其动态性能和稳定性，通过精确测量重心，可以优化设计，提高结构的可靠性和使用寿命；在重型车辆和船舶的制造过程中，重心测量有助于提升车辆的操控性和安全性；在航空航天领域，重心测量是飞机设计和制造的关键环节，飞机的重心位置直接影响其飞行性能和燃油效率；在医学和人体工程学中，重心测量对于研究人体运动和姿势控制具有重要意义，例如通过测量人体重心的变化，可以评估不同运动方式对人体的影响，并为康复治疗提供科学依据。重心测量还被用于评估人体在不同环境下的姿势控制能力，从而帮助设计更符合人体工程学的产品。

测量物体的重心是一项重要的物理实验。通过悬挂法、称重法、多点称重法和基于三维扫描的重心测量法等多种方法，可以实现不同形状和密度物体的重心测量。在实际应用中，应根据具体需求选择合适的测量方法，并注意实验环境和数据处理等方面的细节问题。随着技术的发展，基于三维扫描和计算机辅助设计的重心测量方法将越来越普及，为复杂结构件的制造和使用提供更高效、更精确的支持。

（1）悬挂法

悬挂法是一种用于确定物体重心位置的实验方法，适用于形状不规则或质量分布不均匀的物体。其基本原理是利用物体在重力作用下的平衡状态，通过测量悬挂点和物体静止时的延长线交点来确定重心位置。

（2）称重法

称重法是一种基于力矩平衡原理测量物体的重心的常用方法，适用于形状复杂或质量分布不均匀的物体。这种方法通过测量物体在不同支撑点上的重量，结合力矩平衡方程，计算出物体的重心位置。

（3）多点称重法

多点称重法是一种更为精确的测量方法，通过在多个点上测量物体的重量，结合数学模型计算重心位置。这种方法特别适用于复杂形状或不规则形状物体。

（4）基于三维扫描的重心测量法

随着三维扫描技术的发展，基于三维扫描的重心测量方法逐渐应用于复杂结构件的重心测量。该方法通过三维扫描获取物体的几何信息，结合重心理论模型计算重心位置。

4.6.4　实验步骤

（1）悬挂法

取出求重心用的试件，将它描绘在一张白纸上；用细绳将其吊在上顶板前面的螺钉上（平面铅锤），使之保持静止状态；将事先描绘好的白纸置于该模型后面，使描绘在白纸上的图形与实物重叠；再用笔沿悬线在白纸上画两个点，两点成一线，便可以确定此状态下的重力作用线 AB。变更悬挂点，重复上述步骤，可以画出另一条重力作用线 DE。两条垂线相交点即为重心 C，如图 4-11 所示。

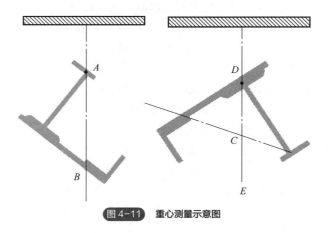

图 4-11　重心测量示意图

（2）称重法

如图 4-12 所示，假设物品的重心至一端的距离为 x_c，为测定 x_c 的值，将物体一端置于台面上，一端置于磅秤上，读出磅秤读数 F_1（单位：kg）；再将物体左右调换方向放置，读出磅秤读数 F_2。

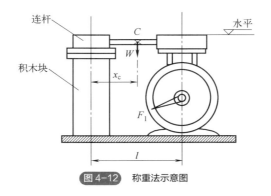

图 4-12　称重法示意图

则物体的质量为

$$W=F_1+F_2$$

重心至一端的距离为

$$x_c = \frac{F_1 l}{W}$$

这种方法适用于形状简单且密度均匀的物体。

（3）多点称重法

具体步骤如下：在物体的不同位置放置传感器，记录各位置的重量。使用最小二乘法等数学方法，结合力矩平衡原理，计算重心位置。

这种方法可以提高测量精度，但需要较高的计算能力和复杂的设备。

（4）基于三维扫描的重心测量法

具体步骤如下：使用三维扫描仪获取物体的点云数据；建立重心理论模型，通过最小二乘法拟合球心轨迹；计算重心位置并验证测量结果。

这种方法适用于形状复杂、精度要求高的大型工件。

4.6.5　实验结果的处理

（1）悬挂法（请附上绘制的图形）

（2）称重法（表 4-7）

表 4-7　称重法实验数据

左边读数F_1/kg	右边读数F_2/kg	质量W/kg	x/mm

注意事项：
① 实验时应保持重力摆水平。
② 磅秤在使用前应调零。

 思考题

① 如何用悬挂法测量非薄板类试件的重心？
② 如何用称重法确定试件的重心高度？

4.7　质点运动实验

4.7.1　实验目的

① 理解质点的概念及其理想化模型。
② 掌握描述质点运动的基本物理量。
③ 通过实验验证质点运动的基本规律，包括匀速直线运动、匀加速直线运动、圆周运动和抛体运动等。

4.7.2　实验仪器和设备

① 频闪仪：用于观察物体的瞬时速度和加速度。
② 传感器：用于测量质点的位置、速度和加速度。
③ 数据采集系统：用于记录传感器数据并进行实时分析。
④ 计算机软件：用于处理和可视化实验数据。

4.7.3　实验原理

质点是物理学中一种理想化的模型，它将复杂的物体简化为一个具有质量但无体积和形状的点。质点的概念在描述物体运动时非常有用。这种模型使得我们能够忽略物体内部的结构和形状，仅关注其位置、速度和加速度等基本物理量，从而使得问题的分析更加简单和直观。

（1）质点运动的基本概念

① 位移：质点在空间中某段时间内位置的变化量，通常用矢量表示。
② 速度：位移与时间的比值，描述质点在单位时间内位置变化的快慢。

③ 加速度：速度的变化率，描述质点在单位时间内速度变化的快慢。

④ 角速度：质点绕某固定点旋转时的旋转速度。

⑤ 动能和势能：描述物体由于运动或所在位置而具有的能量。

这些物理量可以通过数学公式进行计算，并通过实验进行测量和验证。

（2）运动学与动力学的关系

运动学和动力学是研究质点运动的两个重要分支。运动学主要关注物体的运动状态，包括位移、速度和加速度等参数，而不涉及物体所受的力。动力学则进一步研究物体的运动状态与其所受力之间的关系，通过牛顿运动定律等基本原理揭示力与运动的关系。

① 运动学。运动学的核心是运动方程，即描述质点在给定时间间隔内的运动状态的数学表达式。例如，匀速直线运动的位移公式为

$$s = vt$$

式中，s 表示位移；v 表示速度；t 表示时间。

对于匀加速直线运动，其位移公式为

$$s = vt + \frac{1}{2}at^2$$

式中，v 是初速度；a 是加速度。

② 动力学。动力学通过牛顿第二定律（$F=ma$）揭示了力与加速度之间的关系。该定律表明，作用在物体上的合外力等于物体质量与其加速度的乘积。因此，通过测量物体的质量和所受力，可以计算出其加速度，并进一步预测其运动轨迹。

例如，在重力场中，质点的加速度公式为

$$a=g$$

式中，g 是重力加速度（约为 9.8m/s²）。

（3）质点运动的数学描述

① 坐标系与矢量表示。质点的位置可以用坐标系中的位置矢量 r 表示。例如，在二维坐标系中，位置矢量可以表示为

$$r=x\mathbf{i}+y\mathbf{j}$$

式中，x 和 y 分别是质点在 x 轴和 y 轴上的坐标；$\mathbf{i}$ 和 $\mathbf{j}$ 是单位矢量。

② 运动方程。运动方程是描述质点运动状态的数学表达式。例如，匀加速直线运动的运动方程为

$$r(t) = r_0 + v_0 t + \frac{1}{2}at^2$$

式中，r_0 是初始位置；v_0 是初速度；a 是加速度。

③ 加速度与速度的关系。加速度是速度对时间的变化率，可以通过对速度矢量求导得到。例如，在三维空间中，加速度矢量 $\boldsymbol{a}$ 可以表示为

$$\boldsymbol{a} = \frac{\mathrm{d}\boldsymbol{v}}{\mathrm{d}t} = \frac{\mathrm{d}^2\boldsymbol{r}}{\mathrm{d}t^2}$$

式中，$\boldsymbol{v} = \mathrm{d}\boldsymbol{r}/\mathrm{d}t$，是速度矢量。

④ 动能与势能：动能 K 和势能 U 是描述物体能量状态的重要物理量。对于质点，动能公式为

$$K = \frac{1}{2}mv^2$$

势能公式通常取决于物体的位置和所受力场。例如，在重力场中，势能公式为

$$U = mgh$$

式中，g 是重力加速度；h 是物体的高度。

4.7.4　实验步骤

（1）准备阶段

安装传感器，设置数据采集系统，并校准设备以确保数据的准确性。

（2）实验设计

根据研究目的设计实验方案。在设计过程中需要考虑实验条件，如摩擦力的影响、初始条件等。

① 匀速直线运动：将物体固定在直线上，使用频闪仪记录其位置变化。计算物体在不同时间点的速度和加速度。

② 匀加速直线运动：在斜面上放置物体，利用光电计时器记录其下滑时间。根据公式 $a = \Delta v / \Delta t$ 计算加速度。

③ 圆周运动：将物体固定在圆盘上，通过旋转装置使其做圆周运动。测量切向加速度和法向加速度，并验证其关系。

④ 抛体运动：使用抛射装置将物体抛出，记录其轨迹。利用视频分析软件计算物体的速度和加速度。

（3）实验操作

启动实验程序，使质点按照预定轨迹运动。例如，可以使用滑块在轨道上滑动，或者通过电机驱动质点在特定路径上运动。

（4）数据采集

实时记录质点的位置、速度和加速度数据。

（5）数据分析

利用计算机软件对采集的数据进行处理，计算质点的运动参数，并绘制运动轨迹图。

4.7.5　实验结果的处理

完成表 4-8。

表 4-8　实验数据

实验编号	实验条件	时间/s	质点位置 (x, y, z)	质点速度 (v_x, v_y, v_z)	质点加速度 (a_x, a_y, a_z)	备注
1	匀速直线运动					
		...	...	...	...	
2	匀加速直线运动					
...	...	...	...	...	...	

注：按选做实验项目编写以上表格。

（1）匀速直线运动

实验结果：物体在水平方向上做匀速直线运动，其速度保持不变，加速度为零。

数据分析：通过频闪仪记录的图像，可以精确测量物体在不同时间点的位置，从而计算出其瞬时速度和加速度。实验结果显示，物体的速度与时间呈线性关系，符合匀速直线运动的理论预期。

（2）匀加速直线运动

实验结果：物体沿斜面下滑时，其速度随时间线性增加，加速度恒定。

数据分析：利用光电计时器记录物体下滑的时间，并通过公式 $a = \Delta v / \Delta t$ 计算加速度。实验结果表明，物体的加速度与斜面倾角和重力加速度有关，符合匀加速直线运动的理论公式。

（3）匀速圆周运动

实验结果：物体在圆盘上做匀速圆周运动时，切向加速度为零，法向加速度指向圆心。

数据分析：通过旋转装置记录物体的位置变化，并计算其切向加速度和法向加速度。实验结果显示，切向加速度为零，法向加速度大小为 $a_n = \dfrac{v^2}{r}$（其中 r 为圆周运动的半径），符合圆周运动的理论公式。

（4）抛体运动

实验结果：物体在抛射过程中沿抛物线轨迹运动，其水平分速度不变，竖直分速度受重力影响而逐渐减小。

数据分析：利用视频分析软件记录物体的轨迹，并分解其速度为水平分量和竖直分量。实验结果显示，物体的水平分速度恒定，竖直分速度随时间线性减小，符合抛体运动的理论公式。

（5）自由落体实验

实验结果：自由落体运动符合匀加速直线运动规律。

数据分析：自由落体实验是验证重力加速度的经典实验。通过测量物体下落的距离和时间，可以计算出重力加速度 g。

（6）弹簧振子实验

实验结果：弹簧振子的运动符合正弦函数规律。

数据分析：弹簧振子实验用于研究简谐振动。通过测量弹簧振子的振幅、周期和频率，可以验证简谐振动的数学模型。

（7）摆动实验

实验结果：摆动周期公式为

$$T = 2\pi\sqrt{\frac{l}{g}}$$

式中，l 是摆长；g 是重力加速度。

数据分析：摆动实验验证了摆动周期与振幅、角度等因素有关，有助于理解摆动现象的基本特性，还为振动理论和工程学的应用提供了重要参考。

（8）质点随机运动实验

实验结果：随机运动符合高斯分布。

数据分析：质点随机运动实验用于研究布朗运动等随机现象。通过测量质点在不同条件下的随机运动轨迹，可以验证随机运动的统计特性。

实验误差分析：

① 系统误差：

仪器误差：频闪仪和光电计时器的精度限制可能导致测量值的偏差。

环境误差：空气阻力、摩擦力等因素可能影响物体的实际运动轨迹。

② 随机误差：

人为误差：操作过程中可能因读数不准确或反应时间不同而产生误差。

数据处理误差：数值计算过程中可能因舍入误差或算法限制而产生偏差。

通过以上实验，我们可以验证质点在不同条件下的运动规律，并深入理解匀速直线运动、匀加速直线运动、匀速圆周运动和抛体运动等的基本特性。

 思考题

① 如何通过实验验证质点在斜面上下滑时的速度和加速度？

② 如何利用质点运动学原理设计一个简单的机械装置？

4.8　摩擦系数测量

4.8.1　实验目的

① 了解动摩擦系数测试方法。
② 测试不同材料间的动摩擦系数。

4.8.2　实验仪器和设备

① 滑块：用于模拟物体的滑动。
② 斜面：用于改变滑块下滑的角度，从而调节正压力和摩擦力。
③ 测力计或测力传感器：用于测量滑块下滑时的摩擦力。
④ 计时器或位移传感器：用于记录滑块下滑的时间或位移。
⑤ 天平：用于测量滑块的质量。
⑥ 标准样品：木材、金属、塑料等不同材料的试件。

4.8.3　实验原理

摩擦系数是描述两个接触表面之间摩擦力大小的重要物理量。摩擦系数 μ 可以通过以下公式计算：

$$\mu = \frac{F}{N}$$

式中，μ 表示摩擦系数；F 为摩擦力；N 为垂直作用在接触面上的法向力。

摩擦系数通常用静摩擦系数（μ_s）、动摩擦系数（μ_d）和滚动摩擦系数（μ_r）来表示。静摩擦系数是指物体从静止状态开始滑动时的摩擦系数，动摩擦系数是指物体在相对滑动时的摩擦系数，而滚动摩擦系数是指物体在滚动过程中产生的摩擦系数。摩擦系数不仅与材料的性质有关，还受到表面粗糙度、温度、压力等因素的影响。

两个相互接触的平面物体，因材料不同、表面状态不同和环境条件（温度、湿度等）不同，它们之间的静摩擦系数 μ_s 和动摩擦系数 μ_d 理论上是不同的，且是计算不出来的，只有用合适的实验装置进行测试才能得到，所得的技术数据在工程中有广泛和重要的应用。

大量的动、静摩擦系数实验测试表明，这类技术数据有以下三个特点。

① 实验性数据，即只有用实验装置进行测试，才可以得到正确的数据。

② 随机性数据，在相同条件下的实验测试，每次结果各不相同，即具有随机性，但具有统计规律性。

③ 比较性数据，即不同材料，按标准尺寸做成试块和滑动斜面，在相同的仪器上、在相同的条件下进行测试，结果才有实用和可比较的意义。

图 4-13 所示装置可测试颗粒、柔软物体和薄硬物体等材料接触面之间的静、动摩擦系数。

设 t_1 为滑块 A 经光电管 L_1 检测，行程 s_1 所经历时间；t_2 为滑块 A 经光电管 L_2 检测，行程 s_2 所经历时间；t_3 为滑块 A 经光电管 L_1 和 L_2 检测，行程 s 所经历时间。

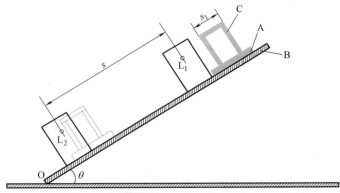

图 4-13　摩擦系数测量装置

A—滑块；B—倾角为 θ 的被测试材料；C—滑块上的不透光挡板；L_1，L_2—光电管

经测试得到上述各个数据后，需代入动摩擦系数的计算公式，计算后可得动摩擦系数。

滑块受力分析如图 4-14 所示，公式推导如下。

由图 4-14 写出 y 方向的静力平衡方程和 x 方向的动力学方程，分别为

$$\sum F_y = 0 \Rightarrow F_{\mathrm{N}} = mg\cos\theta \tag{4-16}$$

$$\sum F_x = ma \Rightarrow ma = mg\sin\theta - F_{\mathrm{N}}\mu_{\mathrm{d}} \tag{4-17}$$

将式（4-16）代入式（4-17），得

$$\mu_{\mathrm{d}} = \tan\theta - \frac{a}{g\cos\theta} \tag{4-18}$$

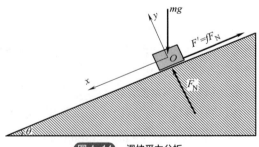

图 4-14　滑块受力分析

平均加速度为

$$a = \frac{v_2 - v_1}{t_3} = \frac{(t_1 - t_2)s_1}{t_1 t_2 t_3} \tag{4-19}$$

式中，$v_1 = s_1/t_1$，$v_2 = s_1/t_2$，分别是滑块 A 经过 L_1 和 L_2 时的平均速度。

将式（4-19）代入式（4-18），得动摩擦系数的计算公式：

$$\mu_{\mathrm{d}} = \tan\theta - \frac{s_1(t_1 - t_2)}{gt_1 t_2 t_3 \cos\theta} \tag{4-20}$$

可见，这个实测动摩擦系数的计算公式仅与 θ、t_1、t_2、t_3 和 s_1 有关。

4.8.4　实验步骤

（1）滑动摩擦系数测定法

滑动摩擦系数测定法是最常见的实验方法之一，适用于测量静摩擦系数和动摩擦系数。具体步骤如下：

① 准备实验装置：将滑块固定在滑道上，连接传感器和数据采集系统。

② 静摩擦系数测试：将滑块放置在待测样品上。调节滑道倾角，使滑块刚好处在开始滑动的临界点。

③ 用坡度仪测量滑道斜面倾角 θ，即为摩擦角，根据公式 $\mu_s = \tan\theta$ 计算静摩擦系数。

④ 动摩擦系数测试：固定斜面倾角 θ，将滑块从斜面顶端释放；测量滑块通过两光电管的时间 t_1、t_2 及两管间时间 t_3；代入式（4-20）计算 μ_d。

⑤ 连续测量十次并记录。

⑥ 换用其他材质的滑道和滑块进行测量。

（2）滚动摩擦系数测定法

滚动摩擦系数测定法适用于测量滚动体与接触面之间的摩擦系数。具体步骤如下：

① 设置实验装置：将滚动体放置在圆弧形轨道上，连接传感器和数据采集系统。

② 加载样品：将待测样品放置在滚动体上，并施加一定的初始压力。

③ 启动实验：使滚动体沿轨道滚动，记录滚动体的位移和摩擦力数据。

④ 数据分析：根据实验数据计算滚动摩擦系数。

（3）基于有限元分析的摩擦系数测定法

基于有限元分析的摩擦系数测定法是一种先进的实验方法，适用于复杂材料和复杂条件下的摩擦系数测定。具体步骤如下：

① 建立有限元模型：根据实验需求建立材料的有限元模型。

② 模拟实验过程：通过有限元仿真，模拟材料在不同条件下的摩擦行为。

③ 提取实验数据：根据仿真结果提取摩擦系数数据。

④ 验证模型准确性：通过实验数据验证有限元模型的准确性。

4.8.5　实验结果的处理

（1）计算摩擦系数

① 静摩擦系数：通过 $\mu_s = \tan\theta$ 计算静摩擦系数 μ_s。

② 动摩擦系数：通过 $\mu_d = \tan\theta - \dfrac{s_1(t_1 - t_2)}{gt_1 t_2 t_3 \cos\theta}$ 计算动摩擦系数 μ_d。

（2）绘制图表

对不同材料和不同条件下的实验数据进行记录（表 4-9），绘制摩擦系数随正压力变化的曲线图，分析数据：讨论摩擦系数与材料种类、表面状态的关系，分析不同材料的摩擦特性。

表 4-9　实验数据

测试次数	t_1	t_2	t_3	θ	$\tan \theta$	$\cos \theta$	$\dfrac{s_t(t_1-t_2)}{gt_1t_2t_3\cos \theta}$	μ_d
1								
2								
3								
4								
5								
6								
7								
8								
9								
10								

静摩擦系数=_____；

动摩擦系数的统计平均值=_____。

（3）动摩擦系数与静摩擦系数的对比

通常情况下，静摩擦系数大于动摩擦系数。例如，在某项实验中，静摩擦系数为 0.55，而动摩擦系数为 0.43。

影响因素分析：通过对比不同材料、不同表面粗糙度、不同温度条件下的实验结果，可以分析出影响摩擦系数的主要因素。例如，表面粗糙度增加会导致摩擦系数升高。

（4）材料特性

通过实验测得不同材料的静摩擦系数如下：

木材与木材之间的静摩擦系数：0.65 ± 0.02；

木材与金属之间的静摩擦系数：0.45 ± 0.01；

金属与金属之间的静摩擦系数：0.30 ± 0.01。

木材与木材之间的静摩擦系数最高，说明木材表面粗糙，适合承受较大的静摩擦力；金属与金属之间的静摩擦系数最低，说明金属表面较为光滑，适合减少摩擦阻力。

（5）误差来源

实验中可能存在的误差来源包括仪器精度不足、样品表面不平整以及环境温湿度变化等。

思考题

① 动摩擦系数和静摩擦系数在哪些情况下近似相等？在哪些情况下差距较大？
② 如何通过实验数据判断不同表面的粗糙度差异？
③ 如何控制环境温度对实验结果的影响？

4.9　转动惯量测量

4.9.1　实验目的

① 理解转动惯量的概念。
② 学习并掌握测量刚体转动惯量的常用方法，如三线摆法、扭摆法。
③ 实测均质圆盘的转动惯量并与理论结果相比较。

4.9.2　实验仪器和设备

① 三线摆实验装置。
② 扭摆实验装置。
③ 数字式计时器、游标卡尺、电子秤。

4.9.3　实验原理

转动惯量（moment of inertia）是描述物体对旋转运动抵抗能力的物理量，它与物体的质量分布、形状以及旋转轴的位置密切相关。转动惯量是刚体转动惯性大小的量度，是表征刚体特性的一个物理量。刚体对于某一给定轴的转动惯量，是刚体中每一单元质量的大小与单元质量到转轴距离平方的乘积的总和。如果刚体的质量是连续分布的，则转动惯量可表示为

$$I = \int r^2 \mathrm{d}m$$

式中，r 为质点到旋转轴的距离；$\mathrm{d}m$ 为质点的质量单元。

由上式可见，转动惯量的大小不仅与质量的大小有关，而且与质量的分布情况有关。在国际单位制中，其单位为 kg·m²。对于简单几何形状的物体，可以通过公式直接计算；转动惯量可以通过以下公式计算：

$$I = \frac{1}{2} M R^2$$

式中，M 为物体的质量；R 为物体到旋转轴的半径。

均匀圆柱及圆环绕中心轴转动时转动惯量的理论值：

$$I_{柱理} = \frac{1}{2} m_{柱} \overline{R_{柱}}^2, \quad I_{环理} = \frac{1}{2} m_{环} \left(R_{内}^2 + R_{外}^2 \right)$$

工程中，常常根据工作需要来选定转动惯量的大小。例如，往复式活塞发动机、冲床和剪床等机器常在转轴上安装一个大飞轮，并使飞轮的大部分质量分布在轮缘。这样的飞轮转动惯

量大，机器受到冲击时，角加速度小，可以保持比较平稳的运转状态。又如，仪表中的某些零件必须有较高的灵敏度，因此这些零件的转动惯量必须尽可能地小，为此，这些零件用轻金属制成，并且尽量减小体积。

　　对质量分布均匀、形状规则的物体，通过简单的外形尺寸和质量的测量，就可以测出其绕定轴的转动惯量。但对质量分布不均匀、外形不规则的物体，通常要用实验的方法来测定其转动惯量。

　　转动惯量的测量，一般都是使刚体以一定的形式运动，通过表征这种运动特征的物理量与转动惯量之间的关系，进行转换测量。

　　测量刚体转动惯量的方法如下。

4.9.3.1　三线摆法

　　三线摆法是具有较好物理思想的实验方法，它具有设备简单、直观、测试方便等优点。三线摆实验装置的示意图如图 4-15 所示。

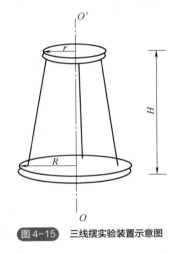

图 4-15　三线摆实验装置示意图

　　上、下圆盘均处于水平，悬挂在横梁上。三个等间距分布的等长悬线将两圆盘相连。

　　上圆盘固定，下圆盘可绕中心轴做扭摆运动。当下圆盘转动角度很小，且略去空气阻力时，扭摆的运动可近似看作简谐运动。

　　摆角 θ 随时间 t 的变化规律满足方程：

$$\theta = \theta_0 \sin(\omega_0 t)$$

　　式中，θ_0 为摆角的振幅；$\omega_0 = \dfrac{2\pi}{T}$ 为角频率，其中 T 为摆动周期。

　　设下圆盘的质量为 m，悬点到圆盘圆心的距离为 R，上圆盘悬点到圆盘圆心的距离为 r，上下圆盘垂直距离 H。下圆盘最大扭转角 θ_m 时，下圆盘上升的最大高度为 h_m，根据几何关系可得

$$h_m = \frac{Rr\theta_m^2}{2H}$$

根据机械能守恒定律可得

$$\frac{1}{2} I \omega_m^2 = mgh_m$$

式中，最大角速度 $\omega_m = \omega_0 \theta_m$；$g$ 为重力加速度。由此可得

$$I = \frac{mgh_m T^2}{2\pi^2 \theta_m^2}$$

整理得

$$I = \frac{mgRrT^2}{4\pi^2 H}$$

4.9.3.2　扭摆法

扭摆法是一种常用的测量转动惯量的方法。该方法基于物体在扭摆过程中产生的角加速度与角速度的关系，通过测量物体在不同负载下的角位移和角速度来计算转动惯量。测量转动惯量的扭摆装置如图 4-16 所示。扭摆装置是扭摆法的核心设备，包括支架、扭杆、传感器等。扭杆的刚度系数对测量结果有重要影响，因此需要精确校准。

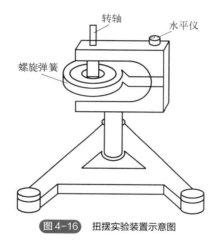

图 4-16　扭摆实验装置示意图

待测刚体固定在扭摆的转轴上，转轴装有用以产生回复力矩的薄片状螺旋弹簧。在轴的上方可以装上各种待测物体。垂直轴与支座间装有轴承，使摩擦力矩尽可能降低。

使刚体在水平面内转过一个角度 θ，在弹簧的恢复力矩作用下，刚体就绕垂轴做往返扭转摆动。

根据胡克定律，弹簧扭转后产生的恢复力矩 M_1 与角位移 θ 成正比：

$$M_1 = -K\theta$$

式中，K 为弹簧劲度系数。

根据定轴转动基本规律的动力学方程，有

$$M = I\beta = I\frac{d^2\theta}{dt^2}$$

式中，M 为作用在刚体上的合外力矩；β 为角加速度。

若转轴垂直转动，且阻尼很小至可以忽略，这时 $M_1 = M$，因此得到

$$\frac{d^2\theta}{dt^2} + \frac{K}{I}\theta = 0$$

此方程具有周期解 $\theta = A_\theta \cos(\varpi t + \varphi)$，其中 $\frac{K}{I} = \varpi^2$，振动周期为 $T = \frac{2\pi}{\varpi}$。

因此，若弹簧劲度系数 K 已知，则通过精确测量扭摆的摆动周期，就可以计算得到 I：

$$I = \frac{KT^2}{4\pi^2}$$

（1）弹簧劲度系数 K 的测量方法

若弹簧劲度系数 K 未知，需要先测定弹簧劲度系数 K。测量方法如下：

① 在扭摆仪的垂直转轴上安装载物盘，测量空盘扭摆运动的摆动周期 T_0，则空盘的转动惯量 I_0 计算公式（其中 K 未知）为

$$I_0 = \frac{KT_0^2}{4\pi^2}$$

② 测量塑料圆柱体的直径，根据给定的质量，采用理论公式，计算圆柱体绕通过质心转轴的转动惯量 I_1 为

$$I_1 = \frac{1}{2}mR^2$$

③ 在扭摆仪载物盘中加载一个转动惯量 I_1 已知的物体（塑料圆柱体），测量扭摆运动的摆动周期 T_1，得到转动惯量为

$$I_0 + I_1 = \frac{KT_1^2}{4\pi^2}$$

④ 根据测定的摆动周期 T_0、T_1 和已知的转动惯量 I_1，得到弹簧劲度系数 K 为

$$K = 4\pi^2 \frac{I_1}{T_1^2 - T_0^2}$$

（2）测定待测物体的转动惯量

① 在扭摆仪中加载待测不锈钢圆筒，测量扭摆运动的摆动周期 T_2，计算转动惯量 I_2：

$$I_2 = I + I_0 = \frac{KT_2^2}{4\pi^2}$$

② 从 I_2 中扣除空盘的转动惯量 I_0，得到待测物体的转动惯量 I（测量值）为

$$I = I_2 - I_0$$

③ 测量不锈钢圆筒的内径、外径，根据给定的质量，采用理论公式，计算不锈钢圆筒绕通过质心转轴的转动惯量 I'（理论值）为

$$I' = \frac{1}{2}m\left(R_1^2 + R_2^2\right)$$

4.9.4 实验步骤

（1）三线摆实验

1）准备工作

① 安装三线摆：将上下圆盘固定在支架上，确保三根悬线等长且张力一致。

② 调整水平：使用水平仪调整上下盘水平，确保摆动过程中不受倾斜影响。

③ 测量悬线长度：用游标卡尺测量悬线长度，并计算其有效半径 $a=L/3$，其中 L 是悬线总长度。

2）测量空盘转动惯量。

① 悬挂空盘：将空盘悬挂于三线摆上，确保其中心与转轴重合。

② 测量周期：启动计时器，记录下盘完成 50 个完整摆动周期的时间 T_0。

③ 计算转动惯量：根据公式计算空盘的转动惯量。

3）测量待测物转动惯量

① 悬挂待测物：将待测物放置于空盘上，确保两者转轴重合。

② 测量周期：重复上述步骤，记录下盘完成 50 个完整摆动周期的时间 T。

③ 计算转动惯量：根据公式计算待测物的转动惯量。

4）误差分析

① 测量误差：包括悬线长度测量误差、计时误差等。

② 系统误差：环境温度变化会影响力矩传感器的精度，还包括摩擦力、空气阻力等因素。

（2）扭摆实验

1）实验准备

① 检查扭摆装置是否水平，调整底座螺钉使水准泡居中。

② 安装光电计时器，并确保光电门位置正确。

③ 测量待测物体（如塑料圆柱体、金属圆筒等）的质量和几何尺寸。

2）测定劲度系数 K

① 将载物盘固定在扭摆装置上，调整挡光杆位置，使其能准确检测光电门信号。

② 施加小角度扰动，记录摆动周期 T_0。

③ 根据公式计算弹簧的劲度系数 K。

3）测定物体的转动惯量

① 将待测物体固定在扭摆装置上，重复步骤 2），测量摆动周期 T。

② 根据公式计算物体的转动惯量。

4）验证平行轴定理

① 将物体绕平行于原转轴的新轴进行测量，记录摆动周期 T'。

② 根据平行轴定理计算新轴的转动惯量，并与理论值进行比较。

5）误差分析

① 测量误差：计时器精度不足或数据采集系统不稳定。

② 系统误差：如扭摆装置未标定、扭摆装置扭杆刚度系数不准确、光电传感器精度不足等。

4.9.5 实验结果的处理

完成表 4-10～表 4-13。其中，三线摆实验对应表 4-10、表 4-11，扭摆实验对应表 4-12、表 4-13。

表 4-10 质量与长度

质量/g	下圆盘质量	
	待测物体质量	

长度/mm	上圆盘悬点到圆盘中心的距离	
	下圆盘悬点到圆盘中心的距离	
	上、下圆盘高度差	
	待测物体边长 1	
	待测物体边长 2	

表 4-11　周期与转动惯量

周期/s	下圆盘和系统的转动周期	
	下圆盘、系统和待测物体的转动周期	
转动惯量/(kg·m²)	下圆盘和系统的转动惯量	
	下圆盘、系统和待测物体的转动惯量	
	待测物体的转动惯量	
	待测物体的转动惯量理论值	

表 4-12　塑料圆柱体、不锈钢圆筒的质量与直径（内/外径）

塑料圆柱体		不锈钢圆筒	
质量 $m_{柱}$/kg		质量 $m_{筒}$/kg	
直径 $D_{柱}$/m		外径 $D_{外}$/m	
		内径 $D_{内}$/m	

表 4-13　摆动周期 T

	T_0（空盘）	T_1（空盘+圆柱体）	T_2（空盘+不锈钢圆筒）
T/s			

下面计算转动惯量的相对误差 δ。

圆柱体转动惯量：

$$I_1 = \qquad\qquad \left(\mathrm{kg\cdot m^2}\right)$$

弹簧劲度系数：

$$K = \qquad\qquad \left(\mathrm{kg\cdot m^2/s^2}\right)$$

空盘转动惯量：

$$I_0 = \qquad\qquad \left(\mathrm{kg\cdot m^2}\right)$$

不锈钢圆筒转动惯量测量值：

$$I = \qquad\qquad \left(\mathrm{kg\cdot m^2}\right)$$

不锈钢圆筒转动惯量理论值：

$$I' = \qquad\qquad \left(\mathrm{kg\cdot m^2}\right)$$

不锈钢圆筒转动惯量相对误差 δ：

$$\delta = \frac{I - I'}{I} = \qquad\qquad (\%)$$

 思考题

① 若所测物体质量较大，需将摆线加长还是缩短，才能保证误差与小质量物体相同？

② 为什么要调节底座水平？为什么要调节均质圆盘水平？

③ 为什么圆盘的初始转动角不能太大？多大合适？

④ 测量圆环的转动惯量时，若圆环的转轴与下盘转轴不重合，对实验结果有何影响？

第 5 章

结构力学实验

本章知识导图

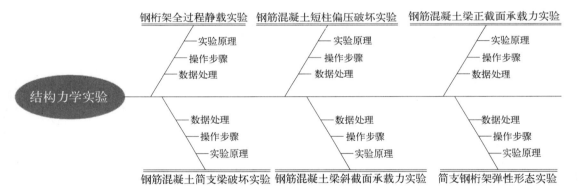

钢桁架全过程静载实验　钢筋混凝土短柱偏压破坏实验　钢筋混凝土梁正截面承载力实验

—— 实验原理　　　—— 实验原理　　　—— 实验原理
—— 操作步骤　　　—— 操作步骤　　　—— 操作步骤
—— 数据处理　　　—— 数据处理　　　—— 数据处理

结构力学实验

—— 数据处理　　　—— 数据处理　　　—— 数据处理
—— 操作步骤　　　—— 操作步骤　　　—— 操作步骤
—— 实验原理　　　—— 实验原理　　　—— 实验原理

钢筋混凝土简支梁破坏实验　钢筋混凝土梁斜截面承载力实验　简支钢桁架弹性形态实验

本章学习目标

应掌握的内容：

掌握结构力学的基本概念、基本原理和计算方法，包括力的平衡、内力计算、应力分析、变形分析等；由杆件拉、压、弯、剪、扭实验，梁和柱的受力分析，得到不同载荷条件下构件的应力和变形情况。

应熟悉的内容：

熟练使用实验设备，掌握实验数据的采集、处理和分析方法；通过软件进行结构分析，包括网格化模型、边界条件和载荷的设定以及数值结果的计算。

应了解的内容：

了解新型结构受力性能实验；结合工程背景和典型案例分析，将所学知识应用于实际工程问题中。

5.1　钢桁架全过程静载实验

5.1.1　实验目的

① 认识结构静载实验用的仪器、设备，了解它们的结构、性能，并学习其安装和使用方法。

② 熟悉结构静载实验的全部工作过程，学习实验方法和实验结果的分析、整理。

③ 通过桁架结点位移、杆件内力的测量对桁架结构的工作性能作出分析，并验证理论计算的准确性。

5.1.2　实验仪器和设备

① YJ-IID-Y-1000 型结构力学组合实验装置。

② 静态应变仪、位移传感器、载荷传感器。

③ 钢筋应变片、手动千斤顶。

5.1.3　实验原理

钢桁架的静载实验通常需要对桁架在不同载荷条件下的应力、应变、挠度等参数进行测量，钢桁架受力简图如图 5-1 所示，应变片、位移测点布置如图 5-2 所示。对简支钢桁架的工作性能作出分析，同时采用结构力学变形体系的虚功原理推导出该简支钢桁架的结点位移、左支座处上弦杆转角位移的计算公式，并将计算结果与静载实验结果对比来验证理论计算的准确性。

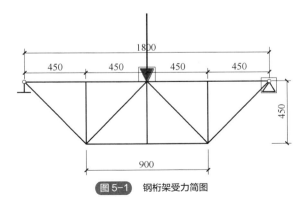

图 5-1　钢桁架受力简图

通过静载实验可以测量桁架结点位移和上弦杆转角位移，并采用虚功原理推导计算公式，验证理论计算的准确性。通过静载实验还可以检测钢桁架结构的承载能力和安全性，并且可以进行实验载荷下的桥梁结构有限元建模计算，得到静载实验的校验系数，在此基础上通过有限元分析对静载测试结果进行理论分析，进一步验证数据的可靠性。

YJ-IID-Y-1000 型结构力学组合实验装置应用在钢桁架静载实验中，非线性效应是不可避免的。尽管可以通过优化实验设计、提高仪器精度和调整加载策略来减轻非线性效应的影响，但完全避免其产生是不可能的。因此，在实验过程中应重视对非线性效应的分析和控制，以确保实验结果的准确性和可靠性。其数据的非线性部分主要来源于加载方式、材料特性、结点连接、应变测量、实验数据处理以及边界条件等多个方面。非线性部分反映了材料或结构在高应力或大变形下的真实行为。图 5-3 所示，为在均布载荷 [图（a）] 和线性分布载荷 [图（b）] 作用下，梁结构的标准化弯矩 M 随非局部参数比值 γ/L 的变化情况。图中对比了基于传统局部（local）弹性理论和非局部（nonlocal）弹性理论所计算的弯矩响应。其中，$E(z)$ 表示弹性模量，$I(z)$ 表示截面惯性矩，均可随位置变化。例如：

在混凝土结构中，非线性行为可能导致裂缝扩展或局部破坏；

在复合材料中，非线性行为可能表现为高刚度和高延展性的结合。

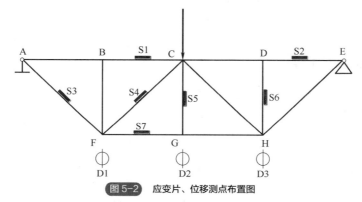

图 5-2　应变片、位移测点布置图

S1～S7—应变片；D1/D2/D3—百分表位置

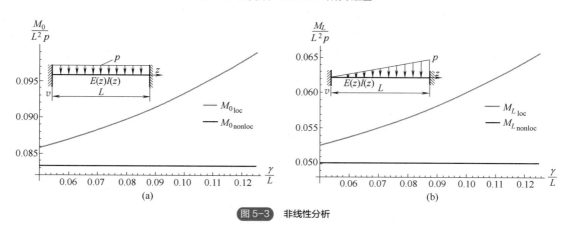

(a) 　　　　　　　　　　　　　(b)

图 5-3　非线性分析

在桥梁设计中，非线性分析有助于优化结构性能并提高安全性。

针对不同类型的非线性问题，可以采取以下策略：

① 局部非线性分析：针对特定区域（如结点或跨中截面）进行详细分析，以评估其对整体结构的影响。

② 全局非线性分析：考虑整个结构的非线性行为，适用于复杂结构，如悬索桥或大跨度桥梁。

钢桁架的材料特性决定了其应力-应变关系并非完全线性，如图 5-4 所示。钢材在低应力范围内表现为弹性，但当应力超过屈服极限后，材料会进入塑性阶段，表现出非线性特性。这种非线性特性主要体现在钢材的应力-应变曲线中，随着载荷的增加，应变增长速度加快，导致非线性部分的出现。

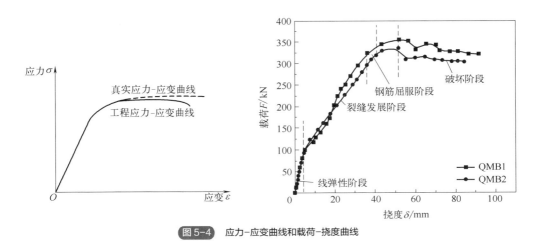

图 5-4　应力-应变曲线和载荷-挠度曲线

钢桁架静载实验的载荷-挠度曲线的形状和趋势也能够反映结构的刚度、承载能力和破坏模式，处理和解释载荷-挠度曲线中的非线性部分，需要结合具体的实验数据、理论模型以及材料特性。载荷-挠度曲线通常分为几个阶段，包括弹性阶段、屈服阶段和破坏阶段。在弹性阶段，曲线表现为线性关系，即随着载荷增加，挠度也按比例增加；在屈服阶段，曲线开始偏离直线，表明材料进入塑性变形区域；在破坏阶段，曲线急剧上升或下降，表明结构接近极限状态。

非线性行为可能由多种因素引起：
① 材料特性：如混凝土、钢材等材料在高应力下表现出非线性弹性或塑性变形。
② 几何非线性：例如，由于截面失稳或大变形引起的非线性行为。
③ 边界条件：如支撑条件的变化会影响非线性行为。

对于复杂的非线性问题，可以通过有限元分析（FEA）等数值方法建模。例如，通过引入材料的非线性本构关系（如 Euler-Bernoulli 梁理论的修正模型），可以更准确地模拟实际行为。此外，还可以采用增量法逐步加载，观察不同载荷水平下的挠度变化以及加载过程中可能会出现的结点位移和杆件内力的非线性变化。这些步骤虽然不能完全消除非线性效应，但已最大可能地降低了实验误差。

5.1.4　实验步骤

在静载实验中，通常采用分级加载的方法，逐步施加载荷并记录各控制截面的应力、应变和挠度变化。通过分级加载的方式测试钢桁架在不同载荷下的挠度和应变变化，并结合理论计算值进行对比分析。

① 安装模型：桁架就位于固定的刚性支墩上，并设置平面外位移侧限装置，防止实验中桁架出平面而丧失整体或局部稳定。调整支墩和正交铰支座，确保钢桁架正确安装。

② 收集设计参数和传感器信息。根据实验要求，明确钢桁架的设计参数，包括材料属性、几何尺寸及加载方式等；按测点布置图在各测点上安装各种仪器、仪表；测试线路连接，确保传感器和仪表正常工作；检查仪器、仪表是否正常，包括电阻应变仪、位移传感器等，并进行零点校准。

③ 在进行钢桁架静载实验时，首先需要制定详细的实验设计和加载方案。这包括确定加载位置、加载方式以及载荷大小。例如，可以采用分级加载的方法，逐步施加载荷以模拟实际受力情况。此外，加载过程中应确保加载设备的精度和稳定性，以保证数据的可靠性。

对桁架进行预载实验：加载1kN，以消除桁架结点和连接部位的初始应力。在预载实验中，如发现仪器安装及读数有问题，必须加以调整。实验采用逐级加载方式，每级加5kN，分四级加载，从较小载荷开始，逐步增加至最大载荷，每次加载5分钟后测读各杆件应变读数，满载（20kN）后逐级卸载，并记录读数。控制加载速度，避免过快导致结构失稳。

5.1.5 实验结果的处理

（1）整理数据

根据传感器实时采集的桁架挠度、杆件内力等数据，绘制各级载荷作用下桁架下弦的实测载荷-挠度曲线（应考虑支座刚性位移的影响修正）或载荷-内力分布图，与理论计算值进行对比分析；绘制桁架杆件CF、CG在各级载荷作用下的载荷-应变曲线。

在载荷-挠度曲线中，通常存在几个关键点：

屈服点：曲线从线性变为非线性的转折点，通常对应于材料的屈服应力。

极限点：曲线达到最大挠度或刚度的点，表明结构接近破坏状态。

分叉点：曲线出现多解的可能性，表明结构可能进入不稳定状态。

（2）桁架杆件的内力分析

根据结点法或截面法计算桁架杆件的内力。结点法假设桁架结点为光滑铰结点，将复杂受力简化为轴力和弯矩的组合；截面法则通过计算截面处的轴向应力和截面面积得出杆件内力。

（3）变形分析

通过位移传感器测量桁架的挠度，结合应变片测量杆件的应变值，计算出实际的变形情况。变形数据可用于验证理论计算的精确性。

（4）有限元模拟验证

利用有限元分析软件（如ANSYS、ABAQUS等）对桁架结构进行模拟，验证实验数据的合理性。这种方法可以进一步分析桁架在不同载荷条件下的应力分布和变形特性。

（5）统计分析

对多次实验数据进行统计分析，计算平均值、最大值和标准差等指标，以评估结构的稳定性和可靠性。

（6）结果验证与应用

完成表 5-1、表 5-2。

表 5-1　应变片读数

应变片	载荷				
	应变片读数				
S1					
S2					
S3					
S4					
S5					
S6					
S7					

表 5-2　百分表读数

百分表位置	载荷				
	百分表读数				
D1					
D2					
D3					

实验结果需与相关规范和标准进行对比，以验证桁架结构是否满足设计要求。例如，可以通过校验系数法计算结构承载力，并结合实际工程需求提出改进建议。此外，实验数据还可以用于优化桁架设计，提高其性能和安全性。

通过上述步骤，可以全面掌握钢桁架在静载条件下的受力特性和变形行为，为工程设计提供科学依据。通过实验，学生可以掌握钢桁架的内力分布规律、变形特性以及测试设备的使用方法，为后续工程设计和研究奠定基础。

 思考题

① 根据实验结果分析，对钢桁架受载后的实际工作状态给出结论。
② 分析各种实测数据与理论值不相符合的原因，并加以讨论。
③ 实验中预加载荷的作用是什么？

5.2 钢筋混凝土简支梁破坏实验

5.2.1 实验目的

① 掌握钢筋混凝土简支梁的强度及抗裂度的测定方法。

② 观察钢筋混凝土梁在受弯破坏过程中的裂缝发展、挠度变化及破坏形态，分析其受力特性。

③ 通过分级加载，观察梁在不同载荷下的裂缝扩展情况，分析其破坏模式。

④ 掌握适筋梁三个受力阶段的受力特征和破坏特征。

5.2.2 实验仪器和设备

① YJ-IID-Y-1000 型结构力学组合实验装置。

② 普通钢筋混凝土简支梁。

③ 承重反力架及分配梁、千斤顶。

④ 电阻应变片、静态电阻应变仪、百分表、力传感器、钢卷尺等。

5.2.3 实验原理

为研究钢筋混凝土梁的受力性能，主要测定其承载力、抗裂度及各级载荷下的挠度和裂缝发展情况，测试纯弯段应变沿截面高度的分布规律。

实验采用两点加载，由分配梁实现，实验加载装置如图 5-5 所示。

图 5-5 简支梁破坏实验加载装置

跨中纯弯段混凝土表面布置电阻应变片 8 个，梁内受拉主筋上布置电阻应变片 2 个，挠度测点 3 个。

正式实验前，根据实测截面尺寸和材料力学性能，得到梁的计算开裂载荷 F_{cr} 和计算极限载荷 F_u，作为加载的控制载荷。

裂缝的发生和发展用肉眼和放大镜观察，裂缝宽度用裂缝宽度测量仪测量，每级载荷下的裂缝发展情况应在构件上绘出，并注明载荷级别和相应的裂缝宽度值。当试件接近破坏时，注意观察试件的破坏特征并确定出破坏载荷值。

试件的实际开裂载荷和破坏载荷应包括试件自重、千斤顶、分配梁等加载设备重量。

（1）破坏形态和机理分析

① 弯曲破坏：主要由混凝土受压区应力超过强度极限引起。钢筋混凝土简支梁在受弯作用下，随着载荷的增加，梁的挠度逐渐增大，梁跨中区域由于弯矩最大，混凝土首先出现开裂。裂缝通常从梁底开始沿梁的受拉区发展，随着载荷增加，裂缝扩展至跨中截面。当裂缝扩展到一定程度时，发展为受拉钢筋屈服和混凝土压区压碎，最终导致梁的破坏。此外，不同配筋率的试件表现出不同的破坏特征，如适筋梁出现塑性断裂，少筋梁出现脆性断裂，而超筋梁则表现为延性破坏。载荷在梁上的分布也会影响裂纹的形态，如图 5-6 所示。

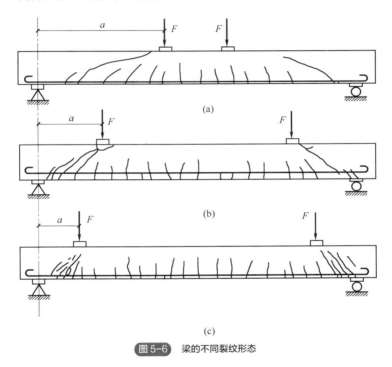

图 5-6　梁的不同裂纹形态

② 剪切破坏：箍筋和腹板之间的剪切承载力不足是主要原因。箍筋配置合理时，剪切破坏表现为斜裂缝的形成和扩展，梁的剪跨比较大或箍筋强度不足均可能导致产生斜裂缝并最终导致剪切破坏。

③ 组合破坏：在反复载荷作用下，材料内部累积损伤导致疲劳裂纹扩展，最终导致断裂。在某些特殊情况下，如在钢板-混凝土组合梁中，可能出现钢板剥离或组合截面的混合破坏。

（2）结果分析

① 试件的承载能力：载荷-挠度曲线呈非线性变化，表明梁在受力过程中存在明显的塑性变形。通过绘制曲线，可以直观地了解梁在受力过程中的变形特性。曲线的拐点通常对应于开裂载荷，而曲线的最终下降段则反映了梁的极限承载能力和破坏形态。

② 裂缝发展与承载力：通过实验可以观察到在不同配筋率和材料条件下，裂缝的发展规律和承载能力的变化。例如，适筋梁在受弯破坏前表现出明显的裂缝宽度和挠度增长；而超筋梁则可能因混凝土压区过早破坏而导致突然断裂。实验中观察到裂缝从受拉边缘开始发展，逐渐扩展至整个截面。裂缝宽度随着载荷增加而增大，最终导致梁的承载力下降。此外，受拉钢筋的应变值在屈服点附近达到峰值，表明其承载能力接近极限。

③ 应变分布：跨中截面的应变分布均匀，表明钢筋和混凝土之间的黏结性能良好。

④ 破坏模式：弯曲破坏为主，剪切破坏次之，组合破坏较少但不可忽视。

（3）结论

通过 YJ-IID-Y-1000 型结构力学组合实验装置对钢筋混凝土简支梁进行破坏实验，可验证以下结论：

① 混凝土强度和钢筋配置对梁的承载能力和破坏模式有显著影响；

② 合理的箍筋配置可以有效提高梁的抗剪性能；

③ 梁在反复载荷作用下易出现微裂纹并逐渐扩展；

④ 通过实验绘制的载荷-挠度曲线与理论计算结果基本吻合，验证了理论模型的准确性。例如，在适筋梁情况下，曲线呈现出明显的线性阶段和非线性阶段，反映了混凝土开裂前后的刚度变化。

5.2.4 实验步骤

① 按照设计要求制作钢筋混凝土简支梁试件，并检查有无初始干缩裂缝等；在梁的受拉区按照实验加载装置和测点布置图布置应变片，同时在梁跨中位置安装裂缝宽度测量仪和位移传感器；将试件放置在实验装置的加载框架上，确保安装牢固并进行编号检查；检查液压千斤顶、加载油缸及位移传感器的工作状态，确保设备正常运行；将加载油缸与位移传感器连接，并通过计算机系统设置加载程序和数据采集参数。

② 用卷尺测量实验梁的实际尺寸，测量钢筋和混凝土的实际材料力学性能，用钢筋扫描仪测试钢筋的保护层厚度，并填入实验报告表格。

③ 进行预加载实验，预载值必须小于构件的开裂载荷值。测取读数，观察实验加载装置和仪表是否正常并及时排除故障。之后卸载到零，对仪表重新读取初读数或调零。

④ 根据《混凝土结构设计标准（2024 年版）》（GB/T 50010—2010）的要求，采用分级加载方式，每级载荷增量为开裂载荷的 1/10，载荷从零分级加载至计算开裂载荷 F_{cr}，如仍未开裂，再稍加载荷，直到裂缝出现；在加载过程中，实时监测裂缝宽度、挠度及应变值的变化情况，记下实际开裂载荷值 F_{cr}；观察裂缝的产生和发展情况，记录裂缝的数量、位置及宽度变化（有条件时可使用裂缝宽度测量仪测量裂缝宽度，并绘制裂缝分布图）；自重及分配梁等应作为第一级载荷值，每加一级载荷，稳载 5 分钟后读数。读数记入原始记录表中。

⑤ 实验梁开裂后分级加载至计算破坏载荷 F_u。当试件接近破坏时，停止加载并记录最终的裂缝分布、挠度值及裂缝宽度，拆除百分表。如加载至 F_u 时试件仍不破坏，再酌量加载至破坏。当裂缝宽度达到 1.5mm 时，钢筋应变达到屈服点或受压混凝土压碎，构件达到破坏状态。破坏时仔细观察梁的破坏特征，观察时应特别注意安全，并记下实际破坏载荷

F_u。分析试件的破坏形态，判断其为正截面破坏还是斜截面破坏，并结合理论计算结果进行对比分析。

5.2.5　实验结果的处理

（1）测量与计算

测出梁的实际计算跨度 L、宽度 b、高度 h、保护层厚度 c、箍筋间距及配筋率情况等。

计算钢筋和混凝土的实测强度，包括钢筋的屈服强度（f_y）、钢筋的极限抗拉强度（f_u）、混凝土的立方体抗压强度（f_{cu}）、混凝土的轴心抗压强度（f_c）、混凝土的轴心抗拉强度（f_t），以及钢筋和混凝土的弹性模量 E_s 和 E_c。根据实测截面尺寸和材料力学性能得到梁的开裂载荷计算值 F_{cr} 和极限载荷计算值 F_u。

（2）绘制下列实验曲线

① 载荷和梁底部混凝土应变、载荷与梁顶部混凝土应变的关系曲线（F-ε 关系曲线）；
② 载荷与受拉区平均应变的关系曲线（F-ε 关系曲线）；
③ 跨中平均混凝土应变沿截面高度的分布曲线（弹性阶段、屈服阶段）；
④ 载荷与跨中挠度的关系曲线（F-f 关系曲线）；
⑤ 绘制简支梁各级载荷的挠度变形曲线；
⑥ 绘制裂缝宽度随载荷变化的曲线图，分析裂缝扩展规律及其对结构性能的影响。

（3）实验结果分析

① 将实测的开裂载荷 F_{cr}、破坏载荷 F_u 与计算值进行比较，并分析其差异的原因；
② 对梁的破坏形态和破坏特征作出评述；
③ 分析试件在不同受力阶段的承载性能，评估其适用性；
④ 结合裂缝宽度测量仪的数据，评估裂缝对结构安全性的潜在影响；
⑤ 利用有限元分析软件（如 ANSYS、ABAQUS 等）对钢筋混凝土简支梁的破坏过程进行数值模拟，绘制载荷-位移曲线和弯矩-位移曲线。通过与实验结果对比，验证理论计算模型的准确性。

完成表 5-3。

表 5-3　实验数据

读数时间	载荷	测点编号				
		1	2	3	4	…
		读数				

思考题

① 如何根据实验目的选择合适的混凝土强度等级和钢筋规格？

② 如何确定加载速率和载荷分级标准？

③ 不同配筋率试件的破坏形态有何不同？原因是什么？

④ 如何通过裂缝分布判断试件的受力状态？

5.3 钢筋混凝土短柱偏压破坏实验

5.3.1 实验目的

① 掌握偏压破坏的实验方法，包括加载装置设计、测点布置、实验结果整理等。

② 观察偏心受压柱的整个破坏过程及其破坏特征。

③ 初步掌握矩形截面柱静载偏压实验的一般方法。

④ 了解偏心受压构件理论计算的依据和分析方法，观察偏心受压柱的破坏特征及强度变化规律，进一步增强对钢筋混凝土构件实验的研究和分析能力。

5.3.2 实验仪器和设备

① YJ-ⅡD-Y-1000 型结构力学组合实验装置。

② 试件：矩形截面钢筋混凝土短柱，混凝土设计强度为 C25，钢筋为Ⅰ级。

③ 电阻应变片、静态电阻应变仪、位移计、读数显微镜和放大镜等。

5.3.3 实验原理

偏压破坏是指在偏心载荷作用下，钢筋混凝土短柱因受力不均匀而产生的局部破坏现象。实验中，通过调整加载方式，使试件受到不均匀的轴向压力，从而产生偏心载荷（偏心载荷的施加方式通常包括单向偏心载荷和双向偏心载荷，具体加载方式取决于研究目的和试件设计）。偏心载荷使得柱子的受压侧混凝土和钢筋首先达到屈服状态，而受拉侧混凝土则处于未受力或部分受力状态；随着载荷的增加，受压侧混凝土逐渐压碎，最终导致柱子整体失稳破坏。这种加载方式能够模拟实际工程中由于地基不均匀沉降或施工偏差等因素引起的偏心受力情况。试件尺寸及配筋图如图 5-7 所示。

钢筋混凝土短柱在偏心载荷作用下的破坏模式主要表现为局部屈服、受压侧混凝土局部鼓曲、裂缝发展、受压区混凝土压碎以及钢筋屈服等。破坏的本质是由于混凝土和钢筋的不均匀受力引起的局部应力集中，最终导致试件失稳。这些破坏模式受到多种因素的影响，包括以下因素：

① 偏心距。偏心距越大，偏心受压效应越显著，可能导致局部区域过早进入屈服状态，试件的承载力和延展性会降低。

② 混凝土强度。混凝土强度越高，试件的抗压能力越强，但随着强度的提高，延展性可能

降低，导致试件在较低载荷下发生脆性破坏。

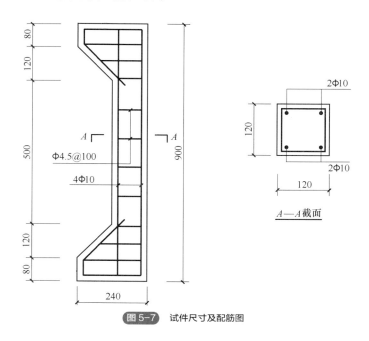

图 5-7 试件尺寸及配筋图

③ 钢筋配置。钢筋的配筋率、间距及形式对试件的受力性能有重要影响。例如，钢筋配筋率越高，试件的承载力和延展性通常会增加，但过高的配筋率可能导致局部应力集中；箍筋可以提高试件的抗剪能力和延展性等。

④ 试件几何形状。如圆钢管约束混凝土短柱的长细比、空心率等参数会影响其偏压承载性能；方钢管的宽厚比、截面形状等，也会影响试件的偏心受压性能。

在实验过程中，通过传感器实时采集试件的位移、应变、载荷等数据，并绘制载荷-挠度曲线、应力-应变曲线等。这些数据可以用于分析试件的承载能力、延展性以及破坏模式。例如，通过分析偏心受压载荷作用下的挠度变化，可以判断试件是否进入屈服状态。实验结果可以通过有限元分析等数值模拟方法进行验证。例如，基于 ABAQUS 或 ANSYS 等软件建立钢筋混凝土短柱的数值模型，模拟偏心载荷作用下的应力分布和破坏过程，从而验证实验结果的准确性。

本实验采用单刀铰支座，偏心受压柱加载按计算破坏载荷的 1/10 分级施加，接近开裂载荷或破坏载荷时，加载值减至 1/2 原分级值。在偏心受压柱的中央截面混凝土受拉面及受压面各布置两个应变测点。在纵向受力钢筋中部各布置一个应变测点。在柱背面布置 5 个位移传感器，用来测量短柱的侧向位移。偏心距 $e_0=40mm$。具体位置如图 5-8 所示。

实验测试的主要内容有：

① 测定每级载荷下中央截面混凝土和钢筋的应变值。

② 测定每级载荷下偏心受压柱的侧向位移值。

③ 用放大镜仔细观察裂缝的出现，并标记裂缝出现的部位及延伸长度。用读数显微镜测定主要裂缝的宽度，并作详细记录。

④ 测定偏心受压柱的开裂载荷及极限承载力。

⑤ 试件破坏后，绘制偏心受压短柱的破坏形态图。

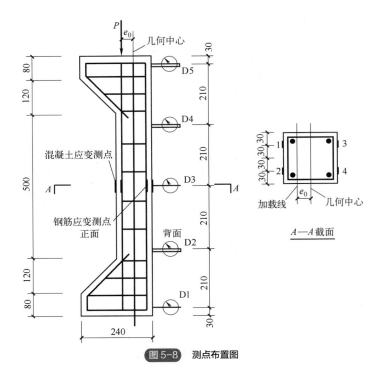

图 5-8　测点布置图

5.3.4　实验步骤

（1）试件准备

根据设计要求制作钢筋混凝土短柱试件，包括确定截面尺寸、钢筋配置、混凝土强度等级等。根据实测的材料力学性能计算出预计的开裂载荷 F_{cr} 和破坏载荷 F_u。

（2）安装与调试

在浇注试件之前，预先粘贴好受力钢筋上的电阻应变片，并作好防水处理；将混凝土应变测点表面清理干净，粘贴好应变片并用导线引出。将试件安装在实验装置上，几何对中后将加载点移至偏心距处，偏心距 $e_0=40mm$。在试件上布置位移传感器等监测设备，实时记录试件的应变、挠度和裂缝发展情况。加适量的初载，预载值应不超过开裂载荷值，固定好试件并安装好位移计，各仪表调零或读取初读数。调试传感器和控制系统，确保加载均匀且数据采集准确。

（3）加载与观测

逐步施加偏心载荷，本实验初载 5kN，载荷分级 20kN，每加一级载荷，稳载 5 分钟后，测读各测点的读数，直至破坏。实时监测试件的变形、应力分布，同时注意观测裂缝，观察并记录试件的破坏过程和破坏特征。

（4）数据分析

根据实验数据绘制载荷-挠度曲线、轴向载荷-应变曲线等，分析试件的承载能力、延展性及破坏机理；分析试件的破坏模式，如偏心受压屈服、局部鼓胀、混凝土压溃等；研究不同因素（如偏心率、混凝土强度、钢筋类型等）对偏压承载性能的影响。

5.3.5　实验结果的处理

完成表 5-4、表 5-5。

表 5-4　应变片读数

应变片	载荷			
	应变片读数			
S1				
S2				
S3				
S4				
S5				
S6				
...				

表 5-5　百分表读数

百分表位置	载荷			
	百分表读数			
D1				
D2				
D3				
D4				
D5				

① 记录钢筋及混凝土的材料性能指标，并计算出预计的开裂载荷 F_{cr} 和破坏载荷 F_u。

② 把原始记录表中的挠度和应变数据整理后填入相应表格中。

③ 根据实验数据，计算各级载荷下，靠近纵向力一侧（正面）受力钢筋及混凝土应变平均值和离纵向力较远一侧（背面）受力钢筋及混凝土应变平均值，并绘出载荷-混凝土平均应变关系曲线、载荷-钢筋平均应变关系曲线。

④ 绘出偏心受压构件的破坏形态展开图。

⑤ 根据位移实测数据，绘制短柱实测的 F-f（中截面侧向位移）曲线，绘制短柱各级载荷的挠度变形曲线。

⑥ 将实际的开裂载荷和破坏载荷与预计的开裂载荷和破坏载荷进行对比。

思考题

① 偏心受压构件的破坏现象与哪些情况有关?

② 大、小偏心受压构件破坏形式有何特点?

③ 分析各种实测数据与理论值不相符合的原因,并加以讨论。

5.4 简支钢桁架弹性形态实验

5.4.1 实验目的

① 学习结构静载实验的加载方案制定、测点布置和观测方法。

② 掌握钢桁架结构静载实验的基本原理、仪器设备使用方法及数据处理技术。

③ 通过桁架结点位移、杆件内力的测量,对桁架的工作性能做出分析,对比验证理论值和实验结果的差异性。

④ 分析加载点变化对桁架内力及变形的影响,了解偏心载荷、零力杆效应及焊接误差对结构性能的影响。

⑤ 通过结点板处内力分析,了解结点处的应力分布特征。

5.4.2 实验仪器和设备

① YJ-IID-Y-1000 型结构力学组合实验装置。

② 加载设备:液压千斤顶、荷重传感器、测力传感器等。

③ 测量仪器:电阻应变仪、位移计、百分表等。

④ 辅助设备:反力架、电子秤、支架等。

5.4.3 实验原理

简支钢桁架弹性形态实验主要涉及对钢桁架在静载或动态加载条件下的力学性能、变形特性以及结构响应的研究,是研究其弹性形态的重要手段。通过测量钢桁架的结点位移、支座沉降和杆件内力,验证结构力学理论计算的准确性,并分析偏差的影响因素。

简支钢桁架作为一种常见的结构形式,广泛应用于桥梁、建筑等领域。其弹性形态实验旨在通过实际加载测试验证理论计算的准确性,分析钢桁架在静载作用下的位移、内力分布及变形特性,从而为工程设计提供科学依据。本次实验装置如图 5-9 所示。

实验采用垂直加载方式,如图 5-10 所示。桁架实验支座的构造可以采用梁实验的支承方式,支承中心线的位置尽可能准确,其偏差对桁架端结点的局部受力影响较大,故应严格控制。材料采用 Q235B,该梁跨度 3m,采用等边角钢焊接而成,各杆件截面为 2L45×4,结点板与填板均厚 5mm。

内力计算如下。

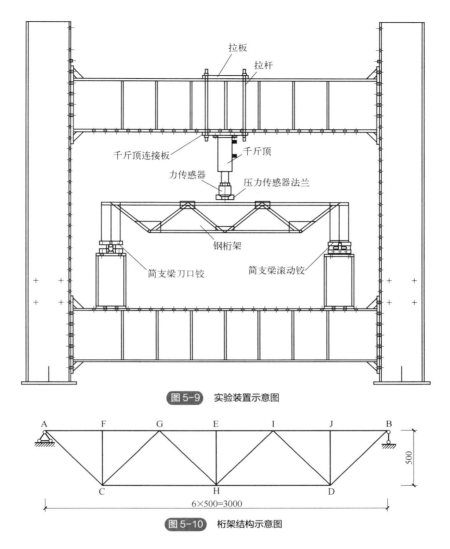

图 5-9　实验装置示意图

图 5-10　桁架结构示意图

（1）桁架跨中挠度计算

按力学方法（单位载荷法）计算跨中结点的位移：

$$\delta_{\max} = \frac{FL^3}{3EI}$$

式中　F——截面上的载荷；

　　　E——实测桁架杆件的弹性模量；

　　　L——实测梁的跨度；

　　　I——实测桁架杆件截面惯性矩。

（2）杆件内力计算

桁架杆件内力的理论计算值：可按结构力学方法计算（结点法或截面法）。根据所测杆件的应变值，求杆件内力：

$$N = \varepsilon_{\mathrm{m}} EA$$

式中　　ε_m——实测截面应变值；

　　　　N——实测截面上的轴向力；

　　　　E——实测桁架杆件的弹性模量；

　　　　A——实测桁架杆件截面面积。

桁架的实际载荷不能与设计载荷相符合时，也可采用等效载荷代替，但应验算，使主要受力杆件或部位的内力接近设计情况，还应注意载荷变化后产生的局部影响，防止造成局部破坏。测量数据有结点挠度和转角、杆件内力等。测量挠度可采用位移传感器，测点一般布置在下弦结点。杆件内力测量可采用电阻应变片，其安装位置随杆件测量条件和测量要求而定。杆件应变的测量点设置在杆件的中间区域，为消除自重弯矩的影响，电阻应变片均安装在截面的重心线上，挠度测点均安装在桁架的下弦结点上，同时，支座处还应该安装位移传感器测量沉降值。

通过对简支钢桁架的静载实验，研究了其静力特性，并提出了优化生产与安装的建议。此外，通过静载实验也验证了钢桁架结点位移和上弦杆转角的计算公式，表明理论计算与实际结果吻合较好。

本实验要求学生在了解原始资料的基础上，独立制订实验计划，采集、整理实验数据，分析实验结果，完成实验报告，并参加从实验准备到正式实验的全过程。主要目的是学习结构实验计划及报告的制定方法、常用设备的操作技术、实验数据的采集过程、实验结果的整理、实验报告的撰写方法，并培养观察实验现象、探求内在联系、独立思考、独立工作的能力。

5.4.4　实验步骤

（1）实验准备

安装并调试实验仪器，确保其正常工作。连接电阻应变仪，校准百分表及位移传感器。

（2）预载

结构实验测量的是结构在每级加载后的应变及挠度增量，为了排除载荷较小时的非线性段，使数据结果更理想，以便于更好地了解整个静载实验过程，消除结点和结合部位的间隙，使结构进入正常工作状态，实行预载机制。

先预加 10kN 初载，循环两次。预载过程中要注意观察应变及挠度测试仪表的读数是否发生变化，以及变化情况是否正常。检查全部实验装置的可靠性；检查全部观测仪表的工作是否正常；检查现场的组织工作和人员的工作情况。然后卸载，及时排除发现的问题。

（3）正式加载及测量

对桁架梁进行三点压弯加载，在桁架跨中顶部施加载荷，加载点设置在桁架的结点处，以研究不同结点的应力分布情况。采用分级等量的载荷进行加载。初载施加完毕后，将应变仪调零并记录初读数，同时记录挠度的初读数。然后进行分级加载，每级载荷 30kN，共加三级。每加一级载荷之后稳载 5 分钟，然后读取应变及挠度数据。其中，各杆的应变测点选在杆件中部的形心线上，正反两面均布置，测量值取其平均值，以减少误差，测量支座的挠度以排除支座的沉降对跨中挠度的影响。实验共进行两个循环，排除所测读数的偶然误差。

（4）分析与绘图

分析偏心载荷、零力杆效应及焊接误差对内力分布的影响。根据实测挠度值，绘制跨中位移和结点挠度的变化曲线。

（5）比较与验证

通过比较不同加载点下的变形情况，验证结构的受力特性。

5.4.5 实验结果的处理

完成表 5-6、表 5-7。

表 5-6　实验数据（一）

控制点	载荷			
杆件截面应力/MPa　1				
2				
3				
4				
5				
6				
7				
8				
挠度 f/mm　下弦跨中				

表 5-7　实验数据（二）

载荷	杆件编号：1			杆件编号：2			杆件编号：3		
	实测值	理论值	比值	实测值	理论值	比值	实测值	理论值	比值

载荷	杆件编号：4			杆件编号：5			杆件编号：6		
	实测值	理论值	比值	实测值	理论值	比值	实测值	理论值	比值

　　① 绘出各杆件内力随载荷的变化曲线,分析各杆件内力的变化规律(至少各选取一根压杆、拉杆、零力杆进行分析),分析加载点变化对各杆件内力的影响。

② 绘出桁架在不同加载条件下的载荷-变形图。

③ 比较杆件内力的实验值与理论值，分析并说明原因（任选一级实验载荷即可，但至少各选取一根压杆、拉杆、零力杆进行分析）。

④ 比较桁架变形的实验值与理论值，分析并说明原因（任选一级实验载荷即可）。

实验结果分析：

实验中可能存在的误差来源包括加载不均匀、测量设备精度不足以及材料非线性等因素。

① 加载-卸载分析：对加载到某级载荷和卸载到同级载荷的杆件应变和结点的挠度进行对比、分析、总结后可以发现规律，分析原因。

② 偏心影响：由测点的应变值可以看出，其相互之间相差程度很小，可以认为本次加载没有偏心。

③ 轴力误差：对于钢桁架杆件轴力，绝大多数的实测值比理论值大。其中，钢桁架的外侧斜压杆受到的压力比理论值大，而与其相连的下弦杆理论值比则小。分析结点力可以发现，杆件的理论夹角和实际两轴力夹角有一定误差，考虑到可能出现了弯矩的微小影响，可以认为该误差的成因为实际杆件的焊接有误差。

④ 零力杆：理论分析中，钢桁架的竖杆为零力杆，若按受力分析，竖杆的轴力也接近 0；而实际数据反映，零力杆也出现了轴力，其原因在于受到载荷后，钢架出现了变形，直接受荷的竖杆受到压力，其余竖杆受到拉力。

⑤ 桁架的工作特性：在结点载荷作用下，钢架各杆件呈二力杆特性。具体地说，是：上弦为压杆，在应变特性上表现为负应变（压应变）；下弦为拉杆，在应变特性上表现为正应变（拉应变）。腹杆中有拉杆、压杆、零力杆。

⑥ 时效作用对实验结果的影响：钢架在某级载荷作用下，其变形充分发展一般需要两个小时，但是由于时间关系，学生在实验课上不可能两个小时加一次载荷。这也是产生误差的主要原因。

实验中还发现，桁架的几何尺寸（如跨度、截面高度）、材料性能（如弹性模量）以及加载方式（均布载荷或集中载荷）均会对实验结果产生显著影响。

 思考题

① 实验中如何确定焊接误差的具体来源？

② 实验结果中的零力杆现象对结构设计有何影响？

③ 如何通过改变加载方式来克服加载点偏差对实验结果的影响？

5.5 钢筋混凝土梁正截面承载力实验

5.5.1 实验目的

① 通过实验观察适筋梁、少筋梁及超筋梁的破坏过程及破坏特征。

② 观察适筋梁纯弯段在使用阶段的裂缝宽度及裂缝间距。

③ 实测材料强度、梁的挠度及极限载荷。

④ 验证平截面假定。

5.5.2　实验仪器和设备

① YJ-IID-Y-1000 型结构力学组合实验装置。
② 静力试验台或反力架。
③ 载荷传感器和电阻应变仪（用于测量载荷和应变）。
④ 千斤顶、百分表、手持式应变仪等。

5.5.3　实验原理

　　钢筋混凝土梁的正截面承载力实验旨在通过实验和理论分析，评估和提高钢筋混凝土梁在实际应用中的承载能力和耐久性，研究钢筋混凝土梁在受弯作用下的承载能力及其破坏模式。通过实验，可以验证理论计算公式的准确性，确保结构的安全性和耐久性。

　　钢筋混凝土梁的正截面承载力是指梁在受弯状态下能够承受的最大载荷能力，与配筋率、混凝土强度等级、截面尺寸等因素密切相关。配筋率的不同显著影响梁的承载力和破坏形态。适筋梁具有较好的延展性和抗裂性能，而超筋梁和少筋梁则容易发生脆性破坏。因此这一指标直接关系到结构的安全性和经济性。

　　一般受弯构件正截面受力的三个阶段，由 M/M_u-f 曲线来表示，如图 5-11 所示。

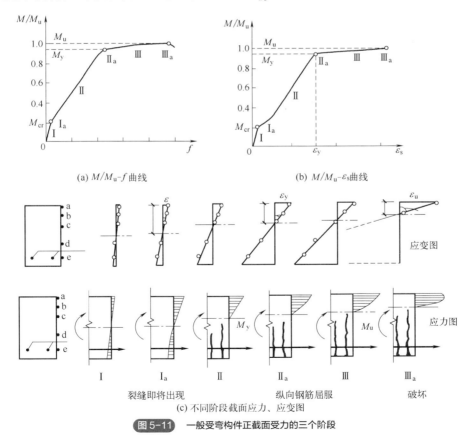

(a) M/M_u-f 曲线　　　　　　　　(b) M/M_u-ε_s 曲线

应变图

应力图

裂缝即将出现　　　　　纵向钢筋屈服　　　　　破坏
(c) 不同阶段截面应力、应变图

图 5-11　一般受弯构件正截面受力的三个阶段

① 未开裂阶段：图中第 I 阶段，从零到开裂（ I_a ）。刚开始，梁处于弹性工作状态，裂缝

尚未出现，钢筋和混凝土共同承担载荷。随着载荷的增加，混凝土开始发生塑性形变，拉应力呈曲线分布。当受拉边缘混凝土纤维应变达到极限拉应变 ε（M_{cr} 为开裂弯矩），即将开裂时，标志着这个阶段的结束。

② 裂缝开展阶段：第 II 阶段，到钢筋屈服（II$_a$）。随着载荷增加，混凝土受压区出现裂缝，裂缝逐渐发展并扩展至受拉区，形成斜裂缝。此时，拉力主要由钢筋承担，裂缝的开展和挠度显著增大，钢筋应力继续增加，钢筋应变达到屈服应变 ε_y（M_y 为钢筋屈服弯矩），此时进入下一阶段。

③ 破坏阶段：第 III 阶段，到混凝土压碎（III$_a$）。在此阶段，随着载荷继续增加，裂缝急剧开展并向上延伸，构件挠度急剧增大，出现破坏前的明显征兆。受压区混凝土的压应变达到极限压应变 ε_u（M_u 为极限弯矩），最终被压碎，导致构件破坏。这种破坏形式通常表现为延性破坏或脆性破坏，具体取决于钢筋配筋率和混凝土强度等级。

适筋梁正截面受弯三个受力阶段的主要特点如表 5-8 所示。

表 5-8　适筋梁正截面受弯三个受力阶段的主要特点

项目		第 I 阶段	第 II 阶段	第 III 阶段
名称		未开裂阶段	裂缝开展阶段	破坏阶段
外观特征		没有裂缝，挠度很小	有裂缝，挠度还不明显	钢筋屈服，裂缝宽，挠度大
M/M_u-f 曲线		大致成直线	曲线	接近水平的曲线
混凝土应力图	受压区	直线	受压区高度减小，压应力图形为上升段的曲线，峰值在受压区边缘	受压区高度进一步减小，压应力图形为较丰满的曲线，后期为有上升段与下降段的曲线，峰值在边缘的内侧
	受拉区	前期为直线，后期为上升段的曲线	大部分退出工作	绝大部分退出工作
纵向受拉钢筋应力		$\sigma_s \leqslant 20\sim30\text{N/mm}^2$	$20\sim30\text{N/mm}^2 < \sigma_s < f_{y0}$，$f_{y0}$ 为钢筋的抗拉强度设计值	$\sigma_s = f_{y0}$
与设计计算的联系		用于抗裂验算	用于裂缝宽度及变形验算	用于正截面受弯承载力计算

根据钢筋混凝土梁正截面承载力计算的方法，进行钢筋混凝土的少筋梁、适筋梁和超筋梁的设计，并且保证在梁发生正截面破坏前斜截面不发生破坏，以便观察正截面的各种破坏形态。

实验表明，钢筋混凝土受弯构件的破坏形态主要与配筋率 ρ 有关，还和钢筋及混凝土的强度等级有关。对于常用的钢筋和混凝土强度等级来说，受弯构件的破坏形态取决于配筋率 ρ，主要有适筋梁破坏、超筋梁破坏和少筋梁破坏三种形态，如图 5-12 所示。

（1）适筋梁破坏

纵向受拉钢筋配筋率适中（$\rho_{min} \leqslant \rho \leqslant \rho_b$，其中 ρ_{min} 为最小配筋率，ρ_b 为最大配筋率）的梁称为适筋梁。适筋梁发生正截面破坏时，其破坏特征是：破坏首先从受拉区开始，受拉钢筋先发生屈服，直到受压区边缘混凝土达到极限压应变 ε_{cu}，最终受压区混凝土被压碎。从钢筋开始屈服到受压区混凝土达到极限压应变这一过程中，受拉区混凝土的裂缝逐渐扩展、延伸，梁的挠度明显加大，受拉钢筋和受压区混凝土都呈现出明显的塑性，破坏常有明显预兆。这种破坏属于"延性破坏"，是一种安全可靠的破坏模式。

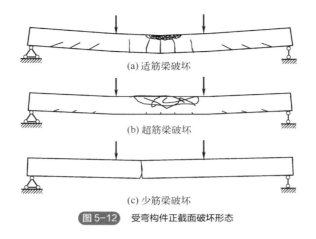

(a) 适筋梁破坏

(b) 超筋梁破坏

(c) 少筋梁破坏

图 5-12　受弯构件正截面破坏形态

（2）超筋梁破坏

纵向受拉钢筋的配筋率超过最大配筋率 ρ_b 的梁，称为超筋梁。这种梁中由于受拉钢筋配置过多，在外载荷作用下，受拉钢筋尚未屈服时，受压区混凝土即被压碎而破坏。破坏时，受拉区钢筋还处于弹性变形阶段，裂缝宽度小，梁的挠度小，破坏突然，没有明显的预兆，此种破坏接近"脆性破坏"。这种梁一旦破坏，会带来突然性的危害，又浪费钢材，所以不允许将受弯构件设计成超筋梁。

（3）少筋梁破坏

受拉钢筋的配筋率少于最小配筋率 ρ_{min} 的梁，称为少筋梁。受拉区混凝土一旦开裂，裂缝截面的全部拉力转由钢筋承担，而钢筋又配置过少，其拉应力很快超过屈服强度并进入流幅阶段，造成整个构件迅速被撕裂，甚至钢筋被拉断而破坏，即"一裂即坏"，没有明显预兆，属于"脆性破坏"。这种梁破坏时，受压区混凝土的强度得不到充分发挥，破坏造成的危害严重，同样不经济且不安全，故也不允许将受弯构件设计成少筋梁。

正截面承载力的计算也是钢筋混凝土结构设计中的重要环节。通过计算，可以确定构件在使用期间是否能够抵抗由载荷引起的应力，还有助于优化构件的截面尺寸和配筋方案，从而实现材料的合理利用和经济效益的最大化。其计算方法和理论依据因构件类型、材料特性及受力条件的不同而有所差异。对于钢筋混凝土梁的正截面承载力，通常采用以下公式：

$$M_n = A_s f_y d$$

式中　　M_n ——正截面受弯承载力；

A_s ——纵向受拉钢筋的截面面积；

f_y ——钢筋的抗拉强度设计值；

d ——梁的有效高度。

为了确保梁正截面受弯破坏，试件的剪弯区段配置足够数量箍筋。纵筋端部锚固也足够可靠。设计时，混凝土强度为 C30，架立钢筋 HPB300 级，纵向受力钢筋 HRB400 级，箍筋为 HRB300 型双肢箍。试件采用钢模制作，平板振捣器振捣，常温下养护，制作试件的同时预留混凝土 150mm×150mm×150mm 立方体试块和纵向受力钢筋试件，以测得混凝土和钢筋的实际强度。

采用两点对称加载，梁中部为纯弯段，加载采用油压千斤顶，加载方式、测试装置及测点布置如图 5-13 所示。千斤顶、分配梁应与试件在同一平面并对中，梁配筋图如图 5-14 所示。

钢筋混凝土梁的正截面承载力实验中，测点布置是实验设计的重要环节，其目的是准确测量梁在受力过程中的应力、应变、挠度和裂缝等参数。通过合理的测点布置和科学的数据采集，可以全面评估梁的承载能力和破坏特征，为结构设计和施工提供重要的理论依据和技术支持。

仪器安装：

① 位移传感器 D3 用来测定梁的跨中挠度 f_3，D1 和 D2 用来测定支座沉降 f_1 和 f_2，挠度为

$$f = f_3 - \frac{f_1 + f_2}{2}$$

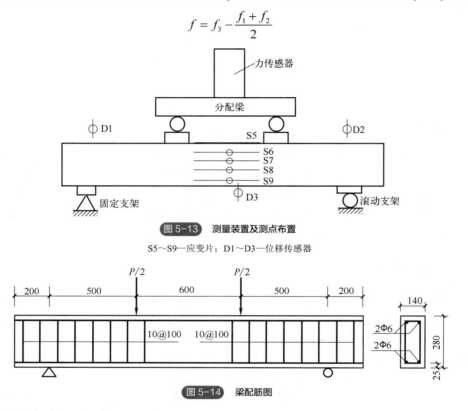

图 5-13　测量装置及测点布置

S5～S9—应变片；D1～D3—位移传感器

图 5-14　梁配筋图

② 在跨中受拉主筋中预埋 4 个应变片 S1～S4，反映钢筋受力状态，用导线引出，并做好防水处理；纯弯曲段混凝土表面布置应变片 S5～S9，用于测量不同高度处的纵向应变分布。

③ 通过力传感器、位移传感器和应变片分别得到载荷、挠度和应变值。

正截面承载力的计算通常基于以下假设：

① 平截面假定：假设混凝土压区的应力分布为一等效矩形应力图形，即压区混凝土的应力沿高度方向均匀分布。这一假定简化了计算过程，使得正截面承载力计算公式得以推导。

② 材料性能假定：混凝土的抗压强度和钢筋的屈服强度是已知的常量，且混凝土的抗拉强度忽略不计。

③ 钢筋滑移假定：钢筋与混凝土之间存在一定的滑移，但滑移量较小，可以忽略不计。

5.5.4　实验步骤

① 安装实验梁，记录实验梁编号，量测并记录实验梁尺寸，记录实验梁配筋数量、所用材料的强度指标；安装实验仪表、位移传感器。检查实验仪表并调整仪表初读数。

② 根据实验梁的截面尺寸、配筋数量、材料强度等估算实验梁的破坏载荷值。

③ 按估算破坏载荷值的十分之一左右对实验梁分级加载，相邻两次加载的间隔时间为 3 分钟（构件开裂前宜取估算破坏载荷值的 5%，一直加到裂缝出现，以确定开裂载荷值）。在每级加载后的间歇时间内，认真观察实验梁上是否出现裂缝。测定每级载荷下实验梁的支座下沉挠度、跨中挠度并记录。

④ 在发现实验梁上第一条裂缝后，在实验梁表面进行标记，并记录此时对应的载荷值。用放大镜仔细观察裂缝的出现部位，并在裂缝旁边用铅笔绘出裂缝的延伸高度，在顶端画一水平线并注明相应的载荷级别。用读数显微镜测读 1～3 条受拉主筋处的裂缝宽度，取其中最大值。

⑤ 按估算破坏载荷值的五分之一左右对实验梁分级加载，相邻两次加载的间隔时间为 5 分钟。在每级加载后的间歇时间内，认真观察梁上原有裂缝的发展和新裂缝的出现等情况并进行标记，记录相应的裂缝位置和宽度。

⑥ 继续加载，当所加载荷约为破坏载荷的 60%～70%时，用裂缝宽度观测仪测读最大裂缝宽度，用直尺量测裂缝间距并记录。

⑦ 加载至实验梁破坏。试件破坏后，根据所测定的各级载荷挠度值，绘出实验梁 F-f 变形曲线；依据破坏形式的种类，将学生分为三组，每组做一种破坏形态实验。各组做完本组实验后，再相互观察另外两种破坏形态。

⑧ 卸载。按实验梁破坏时裂缝的分布情况绘出裂缝分布图。

5.5.5 实验结果的处理

完成表 5-9、表 5-10。

表 5-9 实验数据（一）

载荷/kN							
挠度	f_1						
	f_2						
	f_3						
	f/mm						
应变	S1						
	S2						
	S3						
	S4						
	...						

表 5-10 实验数据（二）

梁截面尺寸		混凝土立方抗压强度 σ_{cu} /(N/mm²)	钢筋（HRB级）屈服强度 σ_y /(N/mm²)	开裂载荷 F_{cr} /kN	破坏载荷 F_u /kN	最大挠度 f_{max}/mm	最大裂缝宽度 W_{max} /mm
b/mm	h/mm						

① 绘制挠度和载荷的关系曲线,跨中挠度值等于跨中位移传感器测量值减去两支座位移传感器测量值的平均值。

② 根据纵向钢筋应变变化图计算对应的受弯构件开裂弯矩和屈服弯矩,并分析正截面承载力和变形的三个工作阶段特征。

③ 绘制载荷作用下,裂缝开展的宽度和裂缝长度图,并附裂缝开展照片,分析裂缝类型。

④ 验证受弯构件加载过程中是否符合平截面假定,注意混凝土受拉区开裂前和开裂后的变化规律。

⑤ 根据混凝土受弯构件的承载力实测值和理论值的对比,分析存在差异性的原因。

⑥ 对于适筋梁,正截面承载力由受拉钢筋的抗拉强度和混凝土的抗压强度共同决定;当配筋率过高时(超筋梁),混凝土压区的承载力不足以抵抗拉力,导致混凝土压碎;而配筋率过低时(少筋梁),受拉区混凝土一开裂,受拉钢筋即刻达到屈服强度并迅速进入强化阶段,导致梁迅速断裂。

 思考题

① 影响受弯构件正截面承载力的主要因素有哪些?基本假定有哪些?

② 适筋梁正截面受弯三个受力阶段的主要特点是什么?

③ 随着配筋率的变化,梁的正截面破坏形式和特点的变化是什么?

5.6 钢筋混凝土梁斜截面承载力实验

5.6.1 实验目的

① 观察梁的斜截面破坏过程和特征(垂直裂缝出现,临界斜裂缝位置及斜裂缝宽度 0.2mm 时的载荷及破坏特征)。

② 验证斜截面强度的计算方法,掌握有腹筋梁的受力模型。

③ 区分剪压破坏、斜压破坏和斜拉破坏等不同破坏形态。

④ 加深了解箍筋对梁斜截面抗剪性能的作用。

5.6.2 实验仪器和设备

① YJ-IID-Y-1000 型结构力学组合实验装置。

② 载荷传感器和电阻应变仪(用于测量载荷和应变)。

③ 千斤顶、百分表、手持式应变仪等。

5.6.3 实验原理

钢筋混凝土梁的斜截面承载力是指梁在斜向载荷(如剪力)作用下抵抗破坏的能力。斜截面破坏通常表现为斜裂缝的形成、扩展以及最终的剪切破坏。

斜截面破坏可分为三种主要形式：

① 剪压破坏：多发生于 1≤剪跨比 λ≤3 时（最常见）。当混凝土截面尺寸较大、箍筋配置合理时，斜裂缝首先出现并发展至受压区，此时箍筋屈服，混凝土承载力达到极限，这种压溃属延性破坏。

② 斜压破坏：多发生于剪跨比 λ<1 时。当混凝土截面尺寸较小或箍筋配置不足时，斜裂缝迅速扩展，腹板混凝土因主压应力过大而压碎，承载力较高但脆性明显。

③ 斜拉破坏：多发生于剪跨比 λ>3 时。当混凝土抗剪能力不足时，主拉应力导致斜裂缝快速贯穿截面，承载力低且无预警。

实验梁混凝土强度等级为 C30，混凝土保护层厚度为 25mm，尺寸及配筋如图 5-15 所示。

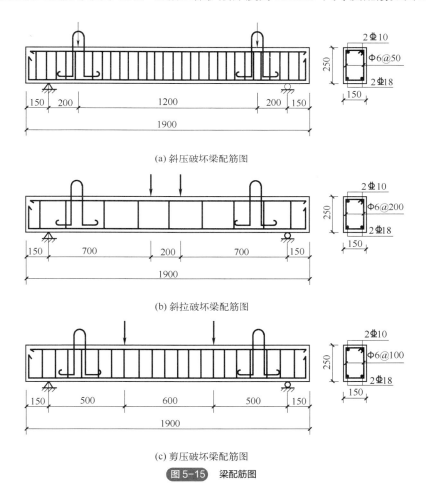

(a) 斜压破坏梁配筋图

(b) 斜拉破坏梁配筋图

(c) 剪压破坏梁配筋图

图 5-15　梁配筋图

实验配筋设计需要综合考虑材料性能、配筋率、荷载效应等因素，并通过理论计算和实验验证相结合的方法进行优化，钢筋和箍筋的合理配置可以进一步提高梁的抗剪能力和整体性能。

剪跨比通常指的是剪跨 a（即集中载荷作用点到支座的距离）与梁的有效高度 h_0 之比，用公式表示为

$$\lambda = \frac{a}{h_0}$$

剪跨比对破坏形态的影响：剪跨比很小会导致斜压破坏，适中时可能导致剪压破坏，较大时则引发斜拉破坏。实验装置（和 5.5 节实验装置图相同，见图 5-13）通过调整集中力作用的位置，变化剪跨比和配置箍筋面积设计构件为剪压破坏、斜压破坏、斜拉破坏，同时配置纵向受力钢筋，保证不先发生受弯破坏。剪压破坏、斜压破坏和斜拉破坏加载位置根据图 5-15 所示进行调整。加载采用油压千斤顶，千斤顶、分配梁应与试件在同一平面并对中，加载过程中应逐级等量增加载荷，确保在开裂载荷和破坏载荷时能够准确。应变片通常粘贴在受拉钢筋和混凝土表面，用于测量应变变化，测量测点布置如图 5-16 中 1～6 所示。

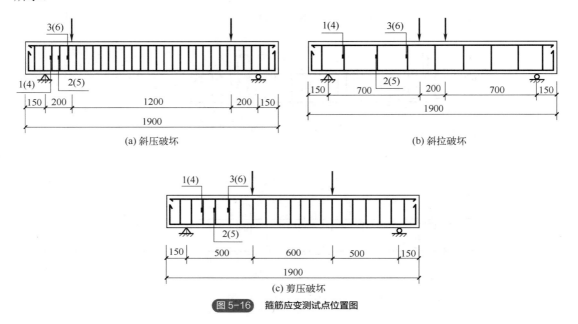

图 5-16　箍筋应变测试点位置图

仪器安装：

① 考虑在加载的过程中，两个支座受力下沉，支座位置各布置位移测点 D1 和 D2，以消除支座下沉对挠度测试结果的影响；梁的跨中及两个对称加载点各布置一位移传感器（D3～D5）测量梁的整体变形。

② 在纵向受力钢筋中部预埋四个电阻应变片，用导线引出，并做好防水处理；在剪跨区段正反面布置六个箍筋应变片，测试箍筋应变值。箍筋应变测试点位置见图 5-16。

③ 千斤顶、分配梁应与试件在同一平面内，并对中。

④ 通过力传感器、位移传感器和应变片分别得到载荷、挠度和应变值。

加载方法：采取分级加载，每级加载值按加载程序执行。每次加载后间歇 5 分钟，使试件的变形趋于稳定后，按实验内容和要求量测数据，并认真做好记录。数据校核无误后，方可进行下一级加载。

在斜截面受力过程中，裂缝从受拉边缘开始出现并逐渐向跨中扩展。随着载荷增加，裂缝宽度逐渐增大，最终导致构件承载力下降。裂缝的发展过程可以通过应变传感器和位移传感器进行监测。

正截面承载力实验主要研究梁在弯矩作用下的承载能力，即梁在受弯时的抗弯性能。斜截面承载力实验主要研究梁在剪力和弯矩共同作用下的承载能力，特别是梁的斜截面抗剪性能。正截面和斜截面破坏区别如图 5-17 所示。

图 5-17　正截面破坏和斜截面破坏的区别

影响实验结果的因素：

① 剪跨比（λ）。剪跨比是影响斜截面承载力的重要参数。剪跨比决定了斜截面的受力状态和破坏模式。例如，当剪跨比较小时，梁的受压区混凝土承担更多的载荷；而当剪跨比较大时，斜截面承载力减小，斜裂缝更容易形成并扩展。

② 配筋方式。箍筋和弯起钢筋的配置能够有效提高斜截面的承载力。箍筋主要通过有效约束混凝土，限制斜裂缝的扩展和增强混凝土的抗剪能力来实现；而弯起钢筋则通过其抗拉性能增强构件的整体稳定性。

③ 混凝土强度等级。混凝土强度等级越高，斜截面承载力越大。高强度混凝土能够承受更大的剪力，但其脆性也更大，容易导致斜截面的突然破坏。

④ 钢筋的作用。纵向钢筋在斜截面中起到抗拉和抗剪的作用。钢筋的布置方式（如是否沿梁全长布置）以及钢筋的强度等级对斜截面承载力有重要影响。

⑤ 载荷分布。集中载荷或均布载荷对斜截面承载力的影响不同，集中载荷更易引发斜拉破坏。

⑥ 材料特性。材料特性（如钢筋和混凝土的弹性模量、泊松比等）也会影响斜截面的承载力。例如，钢纤维混凝土由于纤维的桥接作用，其抗裂性能和承载力均优于普通混凝土。

5.6.4　实验步骤

① 测量实验梁的跨中挠度；测量斜裂缝出现前后箍筋的应变。

② 仔细观察裂缝的出现和开展过程，特别注意观察剪跨段内斜裂缝的出现和开展的全过程。斜裂缝出现后，用铅笔在裂缝旁边描裂缝，按出现先后顺序编号，并在裂缝顶端注明相应的载荷值，待实验梁破坏后再绘制裂缝分布图和破坏形态图。

③ 记录斜截面破坏载荷，并验算斜截面破坏时的 V_{0u}/V_u（V_{0u} 和 V_u 分别为斜截面破坏时的剪力实验值和理论值）。

④ 实验分组。依据破坏形式的种类，将学生分为三组，每组做一种破坏形态实验。各组做完本组实验后，再相互观察另外两种破坏形态。

5.6.5　实验结果的处理

完成表 5-11、表 5-12。

表 5-11   实验数据（一）

梁号	混凝土立方抗压强度 σ_{cu} /(N/mm²)	钢筋(HRB 级)屈服强度 σ_y / (N/mm²)	破坏载荷 F_u /kN	剪跨 a /mm

表 5-12   实验数据（二）

载荷/kN						
挠度	f_1					
	f_2					
	f_3					
	f/mm					
应变	S1					
	S2					
	S3					
	S4					
	…					

① 绘制箍筋应变与载荷变化曲线图，找出钢筋屈服点，并计算对应的屈服弯矩。

② 绘制斜截面承载力与挠度变化曲线，跨中挠度值等于跨中位移传感器测量值减去两支座位移传感器测量值的平均值；对称加载点的挠度应考虑支座沉降的影响且按测点距离的比例进行修正。计算剪压破坏、斜压破坏和斜拉破坏时的剪跨比，并分析剪跨比对斜截面抗剪能力的影响。

③ 根据实验梁的所用材料的实际强度，计算剪压破坏、斜压破坏和斜拉破坏斜截面极限承载力并与实验结果进行比较，得出结论。

④ 绘制实验梁剪压破坏、斜压破坏、斜拉破坏裂缝分布图（梁的侧面），分析从斜裂缝出现到梁破坏时斜裂缝的形成与发展过程。比较三种破坏形式的差异，并分析出现三种斜截面破坏特征的原因。

⑤ 绘制实验梁裂缝图；绘制载荷-挠度曲线。

⑥ 验算梁的斜截面抗剪承载力。

⑦ 分析影响斜截面强度的因素。

 思考题

① 梁上斜裂缝是怎样形成的？它发生在梁的什么区段？

② 影响受弯构件斜截面承载力的主要因素有哪些？

③ 梁的斜截面破坏形态及其破坏特征是什么？

④ 剪跨比的概念及其对斜截面破坏的影响是什么？

第 6 章

实验数据误差分析

➡️ 本章知识导图

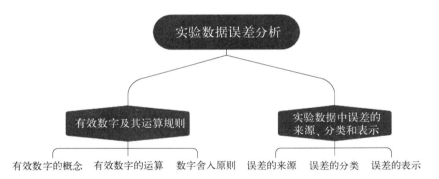

📚 本章学习目标

应掌握的内容：

误差的基本概念和分类；误差可表示为绝对误差、相对误差；有效数字的概念及其运算规则。

应熟悉的内容：

有效数字的舍入原则；误差的来源包括人为因素、测量因素、环境因素等。

应了解的内容：

误差分析在科学研究和工程实践中的重要性；通过误差数据分析及处理异常值，以确保数据的可靠性。

在做测量实验之后，不可缺少地要对测量所得数据进行整理和做误差分析。所以，测量实验人员必须了解和掌握：如何对测量数据进行整理、统计、计算或绘制曲线；能够对测量误差做出分析，了解误差的原因和特性，评定数据的可靠度，确定测量误差的正确表示法等。这些都是本章所要讨论的内容。

6.1　有效数字及其运算规则

实验直接测量或计算结果用几位数字来表示，是一个很重要的问题。初学者往往容易产生这样两种想法：认为一个数值中小数点后面位数愈多愈准确，或者计算结果保留位数愈多愈准确。其实这两种想法都是错误的。这是因为：其一，小数点的位置不决定准确度，而与所用单位大小有关，例如，用电位差计测热电偶的电动势，记为 764.9μV 或记为 0.7649mV，准确度是完全相同的；其二，测量仪器只能达到一定精度（或称灵敏度），以电位差计精度为例来说，精度为 0.01%（即 0.01mV），精度也可以达到 0.0001%（即 0.1μV），运算结果的准确度绝不会超过这个仪器所允许的范围。

由此可见，测量值或计算结果数值用几位数字来表示，取决于测量仪器的精度；数值准确度大小，由有效数字位数来决定。如上面例子中，数值的精度为 0.1μV，准确度为 4 位有效数字。

6.1.1　有效数字的概念

有效数字（significant figures）是科学计算和实验测量中用于表示数值精确度的重要概念，是指在测量或分析工作中实际能够测量到的数字，包括所有可靠数字和最后一位估计的不确定数字。这些数字从第一个非零数字开始，直到最末一个可能有误差的数字为止。例如，0.0037 只有 2 位有效数字，而 370.0 则有 4 位有效数字。有效数字不仅反映了数值的精确度，还体现了测量工具的精度和实验数据的可靠性。在科学计算和实验分析中，正确理解和应用有效数字的概念至关重要。

（1）直接测量数据的有效数字

实验中所测得的数据都只能是近似值，通常测量时，一般可读到仪表最小刻度的后一位数，最末一位数是估计数字，它包含在有效数字内。如二等标准温度计，其最小刻度为 0.1℃，我们可以读至 0.01℃。读数为 40.76℃，此时有效数字有 4 位，而可靠数字仅 3 位，最后一位为估计值，不可靠。读数为 40.8℃时，应记为 40.80℃，表明有效数字为 4 位。

在科学与工程中，为了清楚地表示出数值的精度与准确度，可将有效数字写出，并在第一个有效数字后面加上小数点，而数值的数量级用 10 的整数幂来确定。这种用 10 的整数幂来记数的方法称为科学记数法。例如，0.000388 可写为 3.88×10^{-4}，而 38800 可写作 3.88×10^{4}。科学记数法的好处是不仅便于辨认一个数值的准确度，而且便于运算。

例如，98100：若有效数字为 4 位，记为 9.810×10^{4}；若有效数字为 3 位，记为 9.81×10^{4}；

若有效数字为 2 位，记为 9.8×10^4。

0.00718：若有效数字为 4 位，记为 7.180×10^{-3}；若有效数字为 3 位，记为 7.18×10^{-3}；若有效数字为 2 位，记为 7.2×10^{-4}。

测量时取几位有效数字取决于对实验结果准确度的要求及测量仪表本身的精度。

（2）非直接测量值的有效数字

在实验中，除使用有单位的数字外，还会碰到另一类没有单位的常数，如 π、e 等。它们的有效数字位数，可以认为是无限的，引用它们时取几位为好，取决于计算所用的原始数据的有效数字的位数。假设参与计算的原始数据中，位数最多的有效数字是 n 位，则引用上述常数时宜取 $n+2$ 位，目的是避免因引入常数而造成更大的误差。

在数据计算过程中，为使计算结果准确度尽可能高一些，所有的中间计算结果，均可比原始实验数据中有效数字位数最多者多取 2 位，但在回归分析计算中，中间结果的有效数字位数越多越好，至少应取 6 位，这样可减弱舍入误差的迅速累积。表示误差大小的数据，一般宜取 2 位有效数字。

6.1.2　有效数字的运算

通过运算所得到的结果，其准确度不可能超过原始记录数据，所以计算过程中，一个数据的位数保留过多，并不能提高精度，反而浪费时间，而位数取得过少，会降低应有的精度。运算中数字位数的取舍是有效数字运算规则确定的。

① 在加、减计算中，计算结果所保留的小数点后的位数，应与所给各数中小数点后位数最少的相同。例如 13.65、0.0082、1.632 三个数相加时，应写为

$$13.65+0.01+1.63=15.29$$

② 在乘、除法中，结果的有效数字位数，应与原来各数中有效数字位数最少的数值相同。如 $1.3048 \times 236 = 307.9328$，取结果 308（四舍五入）是根据 236 这个数值的有效数字位数。

③ 在乘方、开方计算中，其结果的有效数字位数应与其底数有效位数相等。

④ 在对数计算中，所取对数应与真数有效数字位数相等（不包括定位部分）。

⑤ 计算时，第一位有效数字等于或大于 8 时，有效数字位数可增加一位，例如 8.13 实际上只有 3 位有效数字，但在计算时可作 4 位计算。

6.1.3　数字舍入原则

由于计算或其他原因，实验结果数值位数较多时，需将有效数字截到所要求的位数，最好采用四舍六入五凑偶原则：

① 当舍去部分的第一个数字小于 5 时，直接舍去。

② 当舍去部分的第一个数字大于或等于 6 时，向前进一位。

③ 当舍去部分的第一个数字为 5 时，若其后还有非零数字，则进位；若其后全为零，则根据舍去部分前一位的奇偶性决定是否进位：若前一位为偶数则舍去，若前一位为奇数则进位。

为便于记忆，这种舍入原则可简述为：小则舍，大则入，正好等于奇变偶。

例如：2.8665 取 4 位有效数字时为 2.866，取 3 位有效数字时为 2.87。

6.2　实验数据中误差的来源、分类和表示

在测量过程中，总是尽力想找出被测量的真实值，但测量仪器本身的不精确、测量方法的不完善、测量条件的不稳定，以及人员操作的失误等原因，都会使测量值和真实值有差异，这就造成测量误差。

如果测量误差过大，超过一定限度，测量的结果会变得无意义，失去使用价值。使用大误差的测量数据，有可能给工程应用带来危害和灾难。但是，过分要求精确，也会增加测量成本，造成浪费。

6.2.1　误差的来源

（1）人为因素

由人为因素所造成的误差，包括误读、误算和视差等。而误读常发生在游标尺、分厘卡等量具使用中。游标尺刻度易造成误读一个最小读数，如在 10.00mm 处常误读成 10.02mm 或 9.98mm。分厘卡刻度易造成误读一个螺距的大小，如在 10.20mm 处常误读成 10.70mm 或 9.70mm。误算常在计算错误或输入错误数据时发生。视差常在读取测量值的方向不同或刻度面不在同一平面时发生，两刻度面相差在 0.3～0.4mm 之间，若观察者位置在非垂直于刻度面处，即会产生误差量。消除游标卡尺读数误差中的人为因素，需要观察者深入理解游标卡尺的原理、掌握科学的读数方法以及保持严谨的科学态度。例如在测量过程中，若游标卡尺存在零误差（游标卡尺的两个测脚并拢时，游标尺上的零刻线与主尺上的零刻线未能完全对齐），应及时调整或记录零误差值，并在测量结果中加以修正。

（2）量具因素

由量具因素所造成的误差，包括刻度误差、磨耗误差及使用前未经校正等因素导致的误差。刻度分划是否准确，必须经由较精密的仪器来校正与追溯。量具使用一段时间后会产生相当程度磨耗，因此必须经校正或送修方能再使用。

（3）力量因素

测量时所使用接触力或接触会造成挠曲的误差。这种误差主要源于接触力引起的弹性变形，即测轴与被测件在接触时会发生局部或全面的弹性变形，从而导致测量误差。根据胡克定律，弹性变形与施加的测量力成正比，而且与材料的弹性模量和截面特性有关。为了减少这种误差，通常建议测轴与被测件采用相同材料制成，这样可以降低因材料弹性模量不同而导致的变形差异。此外，还可以通过优化接触力的大小、选择合适的接触形式（如点接触、线接触或面接触）以及合理设计测量仪器的结构来减少误差。例如，点接触形式的变形最小，而面接触形式的变形最大。用量表测量工件时，量表固定于支架上，支架因被测量力会产生弹性变形。为了防止

此种误差，可将支柱增大并尽量缩短测量轴线伸出的长度。除此之外，较大型量具，如分厘卡、游标尺、直规和长量块等，存在因本身重量与负载所造成的弯曲。通常，端点标准器在两端面与垂直线平行的支点位置为 0.577 全长时，其两端面可保持平行，此支点称为爱里点（Airey points）。线刻度标准器支点在其全长之 0.5594 位置时，其全长弯曲误差量最小，此处称为贝塞尔点（Bessel points）。

（4）测量因素

测量时，因仪器设计或摆置不良等所造成的误差，包括余弦误差、阿贝误差等。

余弦误差发生在测量轴与待测表面成一定倾斜角度时，通常，余弦误差会发生在两个测量方向，必须特别小心。例如测量内孔时，径向测量尺寸需取最大尺寸，轴向测量尺寸需取最小尺寸。同理，测量外侧时，也需注意取其正确位置。测砧与待测工件表面必须小心选用，如待测工件表面为平面时需选用球状测砧，工件为圆柱或圆球形时应选平面测砧。

阿贝原理（Abbe's Law）为测量仪器的轴线与待测工件之轴线需共线。否则即产生误差，此误差称为阿贝误差。通常，假如测量仪器之轴线与待测工件之轴线无法共线，则需尽量缩短其距离，以减少其误差值。

（5）环境因素

测量过程中，环境或场地的变化可能导致热变形误差和随机误差，其中热变形误差是最显著的误差来源之一。热变形误差主要由室温变化、人体接触及加工后工件温度变化等因素引起，因此在测量时需要严格控制温湿度条件，避免用手直接接触工件和量具，并确保工件在冷却后再进行测量。

为了缩短加工时间，在加工过程中需要实时测量时，必须考虑材料的热膨胀系数作为补偿。这是因为不同材料的热膨胀系数不同，温度变化会导致材料尺寸的变化，从而影响测量精度。可以通过应用公式修正，减少因温度变化引起的误差。

6.2.2　误差的分类

根据误差产生的原因及性质，可将误差分为系统误差与偶然误差两类。

（1）系统误差

仪器结构尚不够完善或仪器未经很好校准等原因会造成误差。例如，各种刻度尺的热胀冷缩，温度计、表盘的刻度不准确等都会造成误差。

实验本身所依据的理论、公式的近似性，或者对实验条件、测量方法的考虑不周也会造成误差。例如，热学实验中常常没有考虑散热的影响，用伏安法测电阻时没有考虑电表内阻的影响等。

测量者的生理特点，例如反应速度、分辨能力，甚至固有习惯等，也会在测量中造成误差。

以上都是造成系统误差的原因。系统误差的特点是测量结果向一个方向偏离，其数值按一定规律变化。我们应根据具体的实验条件、系统误差的特点，找出产生系统误差的主要原因，采取适当措施降低它的影响。

（2）偶然误差

在相同条件下，对同一物理量进行多次测量，由于各种偶然因素，会出现测量值时而偏大、时而偏小的误差现象，这种类型的误差叫作偶然误差。

产生偶然误差的原因很多，例如读数时，视线的位置不正确，测量点的位置不准确，实验仪器由于环境温度、湿度、电源电压不稳定或者振动等因素的影响而产生微小变化，等等，这些因素的影响一般是微小的，而且难以确定某个因素产生影响的具体大小，因此对于偶然误差难以找出原因加以排除。

但是实验表明，大量的测量所得到的一系列数据的偶然误差都服从一定的统计规律，这些规律有：绝对值相等的正的与负的误差出现机会相同；绝对值小的误差比绝对值大的误差出现的机会多；误差不会超出一定的范围。

实验结果还表明，在确定的测量条件下，对同一物理量进行多次测量，并且用它的算术平均值作为该物理量的测量结果，能够比较好地减少偶然误差。

6.2.3　误差的表示

由于测量方法和使用仪表的不同，测量误差可以有多种表示法。这里介绍两种最基本的误差表示法：绝对误差和相对误差。

（1）绝对误差

设某物理量的测量值为 x，它的真值为 a，则 $x-a=\varepsilon$。由此式所表示的误差 ε 和测量值 x 具有相同的单位，它反映测量值偏离真值的大小，所以称为绝对误差。为了更准确地表示测量结果，通常采用多次测量的平均值来代替单次测量值。这是因为多次测量可以减少偶然误差的影响，从而提高测量结果的可靠性。

（2）相对误差

相对误差是绝对误差与测量值或多次测量的平均值的比值，并且通常将其结果以百分数表示，所以也叫百分误差。

绝对误差可以表示一个测量结果的可靠程度，而相对误差则可以用于比较不同测量结果的可靠性。例如，测量两条线段的长度，第一条线段用最小刻度为 1mm 的刻度尺测量时读数为 10.3mm，绝对误差不超过 0.1mm（值读得比较准确时），相对误差不超过 0.97%，而用准确度为 0.02mm 的游标卡尺测得的结果为 10.28mm，绝对误差不超过 0.02mm，相对误差不超过 0.19%；第二条线段用上述测量工具分别测出的结果为 19.6mm 和 19.64mm，前者的绝对误差仍不超过 0.1mm，相对误差不超过 0.51%，后者的绝对误差不超过 0.02mm，相对误差不超过 0.1%。比较这两条线段的测量结果，可以看到：用相同的测量工具测量时，绝对误差没有变化；用不同的测量工具测量时，绝对误差明显不同，准确度高的工具所得到的绝对误差小。然而，相对误差不仅与所用测量工具有关，也与被测量的大小有关：当用同一种工具测量时，被测量的数值越大，测量结果的相对误差就越小。

总之，误差是客观存在的，由于它直接影响着实验数据的准确度，我们应尽力设法减小它：有时选择适当的测量方法，使系统误差相互抵消；有时通过多次测量取平均值以减小偶然误差。对测量过程中可能产生误差的环节进行仔细分析，并采取相应措施是十分重要的。

附录

常用工程材料的力学性质和物理性质

材料名称		弹性模量 E/GPa	剪切弹性模量 G/GPa	拉伸屈服极限 σ_s /MPa	拉伸强度极限 σ_b/MPa	剪切强度极限 τ_b /MPa	剪切屈服极限 τ_s /MPa	延伸率 /%	密度 ρ/(kg/m³)	线膨胀系数 α/（10⁻⁶/℃）
铝合金	2A02	71	26.5	274	412	—	167	23	2770	23
	7A04	71	26.5	412	490	—	253	10.2	2785	23.5
黄铜		102	38	200	350	260	120	40	8350	18.9
青铜		115	45	210	310	—	126	20	7650	18
灰铸铁		78～147	44	214～271	98～275	330	—	8	7640	10.5
可锻铸铁		170	83	248	370	330	166	12	7640	12
钢	Q235	186～216	76～81	216～235	373～461	310～380	126～142	25	7800	11.7
	40Cr	186～216	76～81	785	981	185	465	12	7850	11
	16Mn	186～216	76～81	274～343	471～510	125～148	163～208	15	7865	4
镍铬钢		280	82	1200	1700	950	650	12	7800	11.7
球墨铸铁		158	68	412	588（退火）	—	—	4	7758	32

参考文献

[1] 刘鸿文. 简明材料力学[M]. 北京：高等教育出版社，2008.

[2] 河海大学力学实验中心. 理论力学创新实验教学探索[J]. 实验技术与管理，2006 (12)：24-26.

[3] 陈再现，王焕定，王瑞，等. 《实验结构力学》教学实验平台探究[J]. 力学与实践，2015, 37 (03)：383-388.

[4] 王天宏，吴善幸，丁勇. 材料力学实验指导[M]. 北京：中国水利水电出版社，2016.

[5] 张亮亮. 有限元分析软件在材料力学仿真实验中的应用[J]. 才智，2013(31)：148.

[6] 刘鸿文，吕荣坤. 材料力学实验[M]. 北京：高等教育出版社，2008.

[7] 郑文龙. 材料力学实验教程[M]. 长沙：国防科技大学出版社，2009.

[8] 刘鸿文，林建新，曹曼玲，等. 材料力学[M]. 6 版. 北京：高等教育出版社，2018.

[9] 贾有权. 材料力学实验[M]. 北京：高等教育出版社，1984.

[10] 全国钢标准化技术委员会. 金属材料 拉伸试验 第 1 部分：室温试验方法：GB/T 228.1—2021[S]. 北京：中国标准出版社，2021.

[11] 全国钢标准化技术委员会. 金属材料 室温压缩试验方法：GB/T 7314—2017[S]. 北京：中国标准出版社，2017.

[12] 全国钢标准化技术委员会. 金属材料 室温扭转试验方法：GB/T 10128—2007[S]. 北京：中国标准出版社，2008.

[13] K. Chatzis. Un aperçu de la discussion sur les principes de la mécanique rationnelle en France à la fin du siècle dernier[J]. Revue d'histoire des mathématiques, 2018.

[14] 邱法维，潘鹏. 结构拟静力加载实验方法及控制[J]. 土木工程学报，2002 (01)：1-5，10.

[15] 金立强，李书卉，李达，等. 基础力学实验教学体系的改革与探索[J]. 实验室科学，2017, 20 (04)：143-146.

[16] 浦广益，宋广雷. 材料力学实验教学与有限元方法的有机结合[J]. 人力资源管理，2010 (01)：111，113.

[17] 长安大学力学实验教学中心. 实验力学[M]. 西安：西北工业大学出版社，2006.